패션과 미래

채금석, 김소희 저

경 춘 사

책을 펼치며

세상은 변화하고 있다.

20년 후 우리는 3D 프린팅으로 만들어진 집에 살며 로봇이 만들어준 아침을 먹고 하루를 시작할지 모른다. 또한 3D 프린팅으로 인공로봇에 입력된 개개인의 체형에 맞추어 만들어진 옷을 드론 택배를 통해 받게 될 것이다. 외출할 때는 증강현실 안경을 착용하고, 목적지만 입력하면 무인 자동차가 우리를 원하는 곳으로 데려갈 것이다. 미래 학자들이 전망한 20년 후 우리나라를 비롯한 세계는 머릿속으로 상상만 했던 SF영화와 같은 미래가 펼쳐질 것이다.

이러한 상황에서 우리는 어떻게 미래를 준비해야 할까?

오늘날 패션은 이전의 어떤 시기보다도 다양하고 복잡한 양상으로 전개되고 있다. 20세기 포스트모더니즘의 등장 이후 패션은 여러 가지 트렌드들이 공존, 복합, 다중화, 변형되고 있으며 패션과 관련된 다양한 문화 콘텐츠가 이 시대 사회 전반의 트렌드를 주도적으로 이끌어 나가고 있다. 세계 패션시장은 성별, 인종, 국가, 전통과 현대를 넘나드는 결합과 해체의 경향이 가속화되고 있다. 따라서 우리는 급변하는 세태 속에서 21세기의 다양한 패션 콘텐츠를 다각도로 이해할 필요가 있다. 그래서 이를 패션의 다양한 시장 속에서 활용할 수 있는 경제가치로 창출해야 한다.

패션 시장은 다양하다.

미래의 패션 현장은 더더욱 다양한 일자리가 펼쳐질 것이다.

시대는 변화하지만 결국 과거 전통 속에서 진화·발전되어가는 것이므로 현대 패션 시장은 전통을 바탕으로 새로움이 첨가된 과거의 새로운 얼굴일 뿐이다. 전 세계적으로 각국의 패션들은 각기 그 전통을 바탕으로 재구성되어 펼쳐져 왔다. 서구 유럽 Haute Couture의 명품 패션들이 모두 자국적인 전통을 기반으로 세계 시장을 휩쓸어 왔음을 알아야 한다. 그래서 전통은 중요한 것이며 미래의 경제 가치를 창출할 수 있는 idea의 보고이다.

그렇다면 우리는 어떻게 해야할까...
지금 세계의 주목을 받고 있는 한국의 문화-그 속에 잠자는 전통에 관심을 갖고 이를
미래 경제가치로 만들어낼 수 있도록 노력해야 할 것이다.

이와 관련하여 본 책은 패션 전공자들 뿐 아니라 비전공자들, 그리고 대중들도 패션과
관련된 다양한 내용들을 한 눈에 살펴볼 수 있도록 정리하였다.

먼저 이 책은 원시 시대에 인간의 몸을 가리기 위해 시작되었던 패션 이야기에서 출발
하여 현대 서양과 한국 패션에 대해 살펴보고 세계 패션을 주도해 나가는 프랑스, 미
국, 영국, 이태리 패션과 패션 명품에 대해 들여다보았다. 이를 통해 패션의 전통적 가
치를 찾아보고 한국 패션에 내재한 선진성과 우리 전통의 가치, 앞으로 한국 패션이
나아갈 방향에 대해 진단하였다. 또한 패션과 예술의 상관관계, 최근 세계 패션시장에
서 다양하게 나타나고 있는 패션 컬래버레이션 현상과 패션 분야의 다양한 직업에 대
해 알아보았다.

우리는 4차 산업혁명의 시대를 맞이하여 스스로 변화를 꾀해야 한다. 나의 분야를 발
전시켜 나가며 스스로 변화하지 않으면 생존조차 어려운 시대이다. 앞으로 우리는 세
상의 변화를 따라 지속가능한 미래를 위해 과거부터 전승되어 온 전통의 가치, 그리고
창의성에 주목하여 패션을 살펴보고 새로운 분야를 개척해 나가야 한다.
'패션과 미래'를 통해 패션의 정체성과 미래가치에 대해 좀 더 포괄적이며 다각적인
이해가 이루어지기를 기대한다.

채 금 석

CONTENTS

패션과 미래

CONTENTS

Chapter 1.

패션의 시작

Chapter 1.

패션의 시작

"Fashion is not something that exists in dresses only.
Fashion is in the sky, in the street,
fashion has to do with ideas, the way we live, what is happening."

- Gabrielle Bonheur Chanel(1883-1971) -

1. 패션이란 무엇일까?

우리는 일상 속에서 '패션(fashion)'이라는 용어에 매우 익숙하며 대부분의 사람들은 흔히 패션과 옷을 동의어(同義語)로 생각한다. 그러나 '패션'의 사전적 의미를 찾아보면 '유행', '인기', '형태', '양식', '유행하는 방식', '풍조' 등으로 기재되어 있으며 영어로는 'style', 'trend', 'vogue', 'mode' 등과 유사한 의미를 갖는다.

패션이란 라틴어의 '만드는 일 · 행위 · 활동' 등을 뜻하는 '팍티오(fáctǐo)'에 그 어원(語原)을 두며 어떤 특정한 감각, 스타일의 복식이 일정 기간에 대다수의 사람들에게 집단적으로 받아들여졌을 때 이를 패션이라 한다. 주로 옷과 관련하여 복식(服飾)의 유행(流行)을 일컫는데 여기에서 복식이란 사람의 몸을 꾸미는 의류와 장식(裝飾)을 총칭한다. '복(服)'은 주로 인체를 감싸는 옷-의복(衣服)을 말하고, '식(飾)'은 머리에 쓰는 모자나 허리에 두르는 띠, 발에 신는 신, 귀걸이, 목걸이 등 여러 가지 꾸미개-장식을 의미한다.

우리가 몸에 입고 걸치는 복식과 관련하여 옷, 의복(衣服), 의상(衣裳), 의류(衣類), 장신구(裝身具), 패션(fashion), 유행(流行), 트렌드(trend), 스타일(style), 룩(look) 등 다양한 용어들이 사용되며, 의복(衣服)을 나타내는 영문의 'cloth'는 그리스 신화에 나오는 여신 '클로토(Κλωθώ, Klotho)'에 그 어원을 둔다. '실을 잣는 사람'을 의미하는 클로토는 사람의 출생을 맡은 운명의 여신으로 현대 'cloth', 'clothing', 'clothes'의 어원이 된다.

패션은 종종 유행(流行)으로 번역되어 사용되기도 하는데 유행이란 한 사회 내에서 일정 기간 동안 유사한 문화와 행동 양식이 일정 수의 사람들에게 공유되는 사회적 동조 현상을 말한다.

패션이라는 단어의 사전적 의미와 전문가들이 바라 본 패션의 용어 개념을 결합해보면 패션은 단지 옷에만 존재하는 것이 아니라 우리가 살아가고 있는 삶 속에 존재하며 입는 것 뿐 아니라 먹는 것, 사는 것 등 - 인간의 의식주(衣食住) 전반에 밀접하게 연결되어 있음을 알 수 있다. 다시 말해, 패션이란 옷 뿐 아니라 시간과 장소에 있어 대다수의 사람들에게 선호되어 널리 통용되고 있는 스타일-방식을 의미하는 것이다. 옷을 디자인하는 패션 디자이너들 역시 패션을 옷으로만 생각하지 않고 우리 의식주 전반에 이르는 스타일의 흐름으로 인식하고 있다.

그렇다면 어떤 시기에 사람들이 유난히 선호하고 예찬하는 스타일은 그 유행이 지속될까? 물론 그런 것도 간혹 있겠지만 대부분 시간이 지나면서 변하거나 다른 것으로 대체된다. 어떤 시기에는 어깨에 패드가 들어간 높고 각진 어깨의 남성성이 가미된 긴 재킷이 유행하는가 하면 언제부터인가 다시 자연스럽게 어깨의 패드가 사라지면서 좁고 여성스러운 완만한 어깨에 허리 라인을 강조한 짧은 재킷 스타일이 유행하기도 한다. 이것이 바로 패션인 것이다.

앞서 말했듯이 패션은 옷에만 적용되는 것이 아니다. 우리가 먹는 음식 문화에도 패션은 존재한다. 빠른 시간에 조리가 가능하고 빨리 먹을 수 있는 패스트 푸드(fast food)가 유행하던 시절이 있었다. 직장인도, 청소년과 어린 아이들도, 굳이 시간에 쫓기지 않는 사람이라도 만들어지는 시간이 짧고 맛도 좋은 패스트푸드를 선호했었다. 그러나 사람들의 라이프스타일(lifestyle)의 변화와 함께 건강에 대한 관심이 높아지면서 '웰빙(well-being)', 슬로우 푸드(slow food)가 유행하기 시작했다. 어떤 사람들은 독한 양주보다는 백포도주 마시기를 선호하고 어떤 사람들은 미네랄워터를 고수한다. 음식 뿐 아니라 자동차, 건강관리, 화장품,

커피 한 잔에도 패션은 존재한다. 이 모든 것은 사회적 변화에의 수용, 새로운 개념과 사상을 받아들이기 위한 준비를 나타내는 것이다.

이와 같이 시대와 문화의 분위기를 반영하면서 선호되는 스타일-패션은 우리 삶의 방식 여러 곳에서 나타난다. 따라서 넓은 의미에서의 패션은 우리의 생활 전반에 적용되는 것이라 할 수 있다. 그럼에도 불구하고 사람들이 패션하면 '옷'을 가장 먼저 떠올리는 것은 의식주 가운데서 가장 다양하고 급속하게 변화하는 것이 바로 우리가 입는 옷이기 때문이다.

옷은 그 옷을 입고 있는 사람의 품격이나 지위, 신분, 개성 등 그 사람과 관련된 것을 겉으로 표현하는 수단이기 때문에 인류 역사에 있어 아주 중요한 것으로 인식되어 왔다. 물론 선사시대에는 몸을 가리고, 추위와 거친 자연으로부터 신체를 보호하는 기본적인 역할 밖에 못했다고 생각하는 사람들도 있겠지만, 신분과 직업이 없던 시대에도 옷의 역할은 인류에게 있어 먹고 사는 것 다음으로 중요하게 인식되었을 것이다.

자기 자신을 꾸민다는 사실, 그리고 인체를 무엇으로, 어떻게 치장하느냐하는 문제가 바로 패션을 창조해 나가는 것이다. 옷이 인류의 진화와 발전의 흐름을 타고 현대에 와서 '패션'이라는 이름으로 우리에게 다가온 20세기 이후, 패션은 아주 급속하게, 때로는 변덕스러워 보일 정도로 다양하게 변화되어 왔고 또 앞으로는 그 이전의 변화 속도보다 더욱 급속도로 다양하고 다채롭게 전개되어 나갈 것이다. 패션은 우리의 삶의 방식과 함께 늘 변하고 있다.

2. 패션의 시작

그렇다면 패션은 어떻게 시작되었을까?

사람들은 왜 현재와 같은 옷을 입을까?

사람들이 의복을 선택하는 데에는 무수한 이유들이 있으며 그 이유들은 일정한 범주와 목적에 의해 분류될 수 있다.

옷을 입고, 꾸민다는 것은 인류의 역사와 문명의 시작과 함께 인간에게 늘 요구되어 온 것으로 몸을 보호하기 위해서나 이성을 유인하기 위해서나 다양한 필요를 통해 사람들은 옷을 입

빌렌도르프 비너스 (Venus von Willendorf)
기원전 25,000-20,000년경, 빈 자연사박물관 소장

Eskimo Family

African family

는다. 예를 들어 모피를 입는 이유는 추위에 맞서 몸을 보호하기 위해서나, 부(富)를 나타내기 위해서, 그도 아니면 모피가 지위를 나타내는 전통 의상의 일부이기 때문에 착용될 수도 있는 것이다. 면직물은 편하다는 이유로 선택될 수 있다. 또한 캐주얼하거나 구겨지고 헐렁한 의복이 멋있기 때문에 선택되어지기도 하며 최신 유행이라는 이유로 선택될 수도 있다.

에스키모 사람들의 털옷이나 이집트 사람들의 면직물로 만든 갈라베야(galabeya) 등은 기후와 지리적 환경에 적응하면서 얻어진 것으로, 일차원적으로 육체적인 보호나 심리학적인 필요에 의한 것이라 할 수 있다. 성경을 믿는 사람들은 옷을 입기 시작한 계기가 부끄러움을 자각하는 것에서 시작되었다고 주장한다. 그러나 대부분의 복식학자들은 복식을 착용하는 것은 그 반대 이유 때문인데, 바로 자신의 성적인 매력을 표현하기 위해서라고 주장한다.

이와 같이 사람들의 다양한 필요에 의해 패션은 창조된다.

그렇다면 패션의 변화는 누가, 왜, 어떻게 만들어 내는 것일까?

무엇이 패션에 동기를 부여하고, 패션은 어떻게 그 역할을 수행하며, 어디에서, 무엇 때문에 탄생되었다가 어느 순간 어떠한 이유로 갑작스레 사라져 버리는 것일까?

초기 인류는 단순히 자연으로부터 신체 보호 등 기능적 필요에 의해 옷을 입기 시작했을 것이며, 인류가 수치심을 인식할 수 있는 수준으로 진화되면서 옷은 필수적인 것이 되었다.

사회에 계급이 생겨나면서 인간은 자신의 신분을 드러내는 표시를 의상에 적용하기 시작했고, 옷을 통한 신분의 표시는 디자인의 필수 요소인 "장식미(裝飾美)"의 시작을 가져왔다. 옷은 기능적, 장식적 역할을 넘어 우리의 감성적인 필요, 욕구를 채워주는 것은 물론 심리적 불안 요소를 해소해 주는 치료 효과의 의미로까지 확대 해석되고 있다.

1) 복식의 기원

사람들이 언제부터 옷을 입었는지에 관한 기록은 확실하지 않다. 인간이 의류를 착용하기 시작한 것은 대략 5-10만 년 전부터 나뭇잎이나 동물 가죽 등을 몸에 걸치는 형태로 착용되었을 것으로 추측되고 있다. 의복을 선택한다는 것은 여러 이유 가운데 심리적, 지리적, 역사적 이유 내지는 혼합된 이유를 나타낸다. 왜 사람들이 현재와 같은 형태의 옷을 입는가라는 문제로 돌아가 보면, 그 이유들은 여러 가지 기본적인 동기들로 나눌 수 있다.

(1) 보호설

보호설은 인류가 신체를 보호하기 위한 목적에서 옷을 입게 되었다는 학설이다. 전통적으로 인류 역사와 함께 의복은 대개 몸을 보호하기 위해서 입혀져 왔다. 원시인들은 거친 환경이나 곤충, 동물의 피해로부터 보호받기 위해 혹은 단순히 보온을 위해 몸을 가렸을 것이며 에스키모인들은 추위로부터 몸을 보호하기 위해 동물 가죽과 털을 이용해 옷을 만들어 입었다. 즉 보호설은 사람들이 주위 환경으로부터 생명을 보호하고 신체를 쾌적한 상태로 유지하기 위해 옷을 입게 되었다고 보는 관점이다.

선사시대의 복식은 신체의 주요부위를 가리는 간단한 로인크로스(loincloth) 형태의 옷이나 돌 등으로 만들어진 목걸이, 팔찌 등으로 이는 심리적 보호 외에 주술적인 의미를 지니기도 한다. 즉, 먼 옛날에도 여러 종류의 복식은 육체를 보호하는 역할과 함께 심리적인 보호책으로서 영혼의 수호신으로 작용했던 것이다.

(2) 장식설

사람들이 의복을 단지 보호책으로만 선택했다고 생각해서는 안 된다. 그것은 의복 선택의 여러 이유들 중 하나일 뿐이다. 빙하 시대에 살았던 동굴인들은 신체 보호를 위해 동물 가죽으로 몸을 감쌌을 것임에 틀림없지만 오늘날 문명 세계에서는 대부분의 경우 남녀 모두 신체 방어를 위해서가 아니라 장식적 목적으로 동물 가죽을 이용한다.

만약 문명이 따뜻한 지중해성 기후에서 복식의 역사가 시작되었다는 이론을 받아들인다면 거기에서는 의복이 필요치 않았을 것이므로 우리는 장식적 목적이 기능적 목적보다 더 큰 비중을 차지했음을 유추할 수 있다.

즉, 장식설은 복식이 인간의 꾸미고자 하는 욕구에서 생겨났다는 학설로 사람들이 몸을 장식했다는 증거는 선사시대부터 존재한다. 원시인들은 옷을 입지 않은 사람은 있어도 장식이 없는 사람은 없다. 고대 동굴벽화나 여러 유물에서는 사람과 장식물이 서로 연관되어 있음을 시사해준다.

(3) 정숙설 (수치설)

정숙설은 사람들이 신체의 특정 부위를 가림으로써 수치감을 없애기 위해 옷을 입었다고 보는 학설로 수치설로 불리기도 한다. 보통 수치감은 신체 노출에 대한 사회적 규범에 따라 달라지는데 이 규범은 문화 사회화를 통해 학습되거나, 문화적으로 유도되기 때문에 각 시대나 문화권, 가치관에 따라 다르게 표현된다.

수치설은 문화나 시대, 상황에 따라 차이를 보인다. 예를 들어 파키스탄 여성은 다리 노출을 부도덕한 것으로 간주하며 중국에서는 발을 드러내는 것을 수치로 여겼으며 19C 서양 여성들은 발목 노출을 육감적인 것으로 생각하였고 영국 헨리 8세 시대에는 팔의 노출, 빅토리아 여왕 시대에는 다리를 드러내는 것을 수치스럽게 여겼다. 이와 같이 수치를 느끼는 부위는 성별, 시대, 종족, 문화권, 가치관 등에 따라 다르게 표현된다.

(4) 성차설(性差說,theory of sex attraction, 이성흡인설, 비정숙설)

대부분의 사람은 앞서 설명한 것처럼 부끄러운 벗은 몸을 가리기 위해 옷을 입는 것이라고 추정해왔다. 성경에 의하면 하와가 사악한 뱀과 마주쳐 선악과를 먹고 난 후 아담과 하와 모두 부끄러움에 잎사귀로 그들의 벗은 몸을 가렸고 결국 에덴의 동산을 떠났다고 한다(우연히도 이것은 잎사귀로 만들어진 의복에 대한 최초의 서면 기록 중 하나이다). 성차설(性差說)은 이러한 수치설과 반대로 의복을 입은 동기를 이성흡인설로 설명하는데, 성적 매력을 표현하기 위해서 옷을 입는다고 보는 학설이다. 이는 수치심 때문에 신체를 가리는 것이 아니라 오히려 신체로의 관심을 끌기 위해 의복이 사용되었다는 학설이다. 신체가 오래 노출되면 성적 관심이 사라지므로 그 부분을 감춰서 관심을 집중시키고 성적 매력을 유발시키기 위해 의복을 착용한다는 견해로 비정숙설, 종족보존설이라고 부르기도 한다.

의복은 성적 매력을 나타내는 도구로써 에로틱한 부분인 가슴, 엉덩이, 등, 다리 등을 노출과 은폐라는 양면성으로 시대에 따라 복식을 통해 다르게 강조한다.

즉, 패션은 타인에게 어떠한 메시지를 전달하기 위한 도구로 선택되어지는데 어떤 시대에는 그 선택이 일차적으로 이성을 유혹하기 위해 이루어졌다고 보는 관점인 것이다. 역사적으로 남녀 모두 신체 중 남과 다른 부위가 특히 에로틱하다고 여겼다. 대부분의 경우에 몸의 일부분을 드러내는 것이 전체를 드러내는 것보다 확실히 더 도발적으로 여겨지며 노출되는 부위도 끊임없이 변화한다. 이러한 이유로 인해 복식을 착용하기 시작했다고 보는 이론이 성차설이다.

많은 심리학자들은 대부분의 패션이 유혹의 원칙에 의해 지배되며 패션의 변화가 "발정지대로의 이동"이론으로 설명될 수 있다고 주장한다. 의복에 대한 이와 같은 접근 방식에서 의복의 기능이란 신체의 한 곳에서 다른 곳으로 강조되는 부위를 계속해서 이동시키면서 어떤 시대에는 가슴이 강조 되었고 그와 다른 시대에서는 허리받이(bustle)를 부착시키는 방법으로 엉덩이가 강조되었다. 또 다른 시기에는 스커트 밑으로 발목이 보이도록 하면서 성적 매력을 드러냈다. 이와 같이 패션은 항상 다양한 이성을 유혹하기 위한 형태를 따르는 것이다.

이와 같이 의복 착용과 장식의 동기는 시대와 문화, 환경, 성별 등에 따라 달라지므로 복식의 기원을 어느 한 가지 학설로 국한시킬 수 없으며 여기에는 다양한 동기들이 복합적으로 작용한다.

2) 복식의 유형

복식은 기본적으로 각 지역의 자연 환경과 각자의 생활문화에 맞게 시대에 따라 변화한다. 지역, 시대, 민족, 자연 환경 등에 따라 형성된 세계의 다양한 복식들은 그 특성에 따라 기본이 되는 형태를 모아 공통된 유형으로 분류할 수 있다.

그렇다면 복식에는 어떠한 유형들이 있을까?

(1) 뉴의형(紐衣刑)

사람들이 처음 입은 의복의 형태는 1차원의 선(線)인 끈으로 만들어진 옷으로 끈 뉴(紐)를 써서 뉴의형이라 한다. 아프리카, 이집트, 중앙아시아 등 더운 지방에서 주로 착용된 의복 형태이다.

(2) 요포형(腰布刑)

말 그대로 허리에 감싸는 천으로 이루어진 스커트 형태의 옷을 말하며 '요의형(腰衣形)'이라고도 한다. 2차원의 면으로 이루어져 있으며, 열대 원주민들이 허리에 두르는 짧은 에이프런 형태나 고대 이집트의 로인크로스(loincloth), 쉔티(Shenti) 등이 대표적인 요포형으로 기후가 따뜻한 지역에서 주로 착용되었다.

(3) 권의형(卷衣型)

권의형 의복은 재단과 봉제를 하지 않은 한 장의 천을 허리, 팔, 어깨 등의 신체에 두르거나 감싸는 형태의 의복을 말한다. 천을 신체에 두르거나 감싸는 방법에 따라 우아한 주름이 생겨 유동적인 드레이프의 미(美)를 나타내며 신체의 움직임에 따라 변화되는 형태 또한 다양하다. 고대 그리스의 히마티온(himation), 로마의 토가(toga), 인도의 사리(sari)가 대표적이며, 현대의 숄과 케이프 등도 권의형에 속한다.

복식의 유형 – 요포형

(4) 관두의형(貫頭衣型)

관두의형은 한 장의 천을 반으로 접고 그 접은 선의 가운데에 머리가 들어갈 수 있게 구멍을 뚫어 입는 형태의 의복을 말한다. 고대부터 원시적으로 사용되던 기본적인 형태로 튜닉(tunic)이나 달마티카(dalmatica), 판초(poncho), 갈라베야(galabeya) 등이 관두의형에 속한다. 현대의 망토나 튜닉형 원피스, 스웨터, T-셔츠 등도 여기에 속한다.

(5) 전개형(前開型)

전개형 의복은 앞부분이 열려 있고, 소매가 달려 양 어깨에 걸쳐 앞에서 여미어 입는 형태로 벨트를 매기도 하고 매지 않은 채 입기도 한다. 고대부터 한국을 포함 중앙아시아에서 공통적으로 착용되던 형태로 한국의 저고리, 두루마기, 일본의 기모노, 중국의 포 등이 여기에 속한다.

(6) 체형형(體形型)

체형형 의복은 사지(四肢)를 감싸도록 만들어진 의복으로 인체 동작의 편리함이나 기후, 지형 등에 적응하기 위해서 고대부터 입기 시작하였다. 중앙아시아의 유목민족이 말을 타기 편리한 형태로 고안하여 일반적으로 인체에 잘 맞는 좁은 소매의 상의와 바지로 이루어져 있다. 고대부터 현대까지 다양한 민족의 실용 의복으로 착용되어왔다.

복식의 유형 - 요포형
이집트 복식 - 로인크로스

복식의 유형 - 권의형
Classical Greek goddess Athena statue

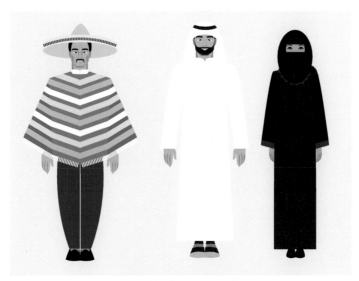

복식의 유형 – 관두의형

복식의 유형 – 전개형

복식의 유형 – 체형형

Chapter 2.

현대 패션을 말하다

Chapter 2.

현대 패션을 말하다

    시대 구분에 있어 현대(現代)는 말 그대로 지금의 시대로 사상(思想)이나 그 밖의 것이 현재와 같다고 생각되는 때부터 지금까지의 기간을 일컬으며 서양복식사에서는 일반적으로 20세기 이후부터 현대로 일컫는다.

    현대 패션은 기성복이 발달한 대중 패션의 시대로 20세기가 진행되는 동안 패션은 다양한 발전을 거듭해왔으며 20세기 이후 대부분의 디자이너들은 그들이 처한 사회 환경이나 시대 상황을 인식하여 그 시대를 패션에 반영했다.

    서양과 한국의 현대 패션이 어떻게 변화해 왔는지 시대와 사회, 환경과 문화를 반영한 현대 패션의 흐름을 살펴보자.

1. 서양 현대 패션

1) 1900년대 패션

    20세기 초 유럽사회는 자본주의의 발달과 제국주의 국가들의 식민지 쟁탈로 파리에서는 'La Belle Époque (아름다운 시대, 황금시대)'로 알려진 시대를 경축하며 지적 사유와 사치의 절정에 있었고, 런던에서는 빅토리아 여왕 시대가 끝나고 훌륭하고 격조 높은 에드워드왕의 통치, 즉 화려한 Edwardian 시대가 시작되었다.

    패션에 있어서는 1900년대까지 여전히 19세기 후반의 스타일을 따라 사치스럽고 화려했으며 여성들은 지나치게 장식적이고 비실용적인 의상을 입었다. 아르누보(Art Nouveau)의 영향으로 거대하게 엉덩이를 부풀린 몸을 코르셋으로 조여 가슴이 나오고 허리를 최소화하고 엉덩이를 강조한 부드러운 형태의 S-자형 실루엣이 1900년대까지 패션에 있어 지배적이었다. S-자형 실루엣은 에드워드 7세 통치 기간에 유행했던 스타일이라 하여 에드워디안 스타일이라고도 불리며 미국 화가 찰스 깁슨(Charles Dana Gibson, 1867~1944)의 그림 속 주인공 스타일과 같다고 해서 '깁슨 걸 스타일(Gibson girl style)'로도 불린다. 부유하고 세련된 여성들은 하루에도 여러 번 의복을 갈아입었으며 실제로 'tea dress(차 마실 때 입는 의복)'는 이 시대에 절정을 이루었다.

CREPE-DE-CHINE AND BLACK CHANTILLY DEMI-TOILETTE.   AN ELEGANT SPOTTED MUSLIN GOWN.

1900년대 패션 – S–자형 실루엣

Gibson Girls seaside by Charles Dana Gibson

2) 1910년대 패션

1910년대에는 제 1차 세계대전(1914~1918)의 영향으로 사회 각 방면의 변화와 더불어 과학 문명이 더욱 발전하였고, 서구 사회에서 본격적인 근대화가 시작되었으며 이는 사람들의 생활양식에 큰 변화를 가져왔다.

전쟁의 영향으로 패션계는 침체되었지만, 제1차 세계대전은 이전과 완전히 달라진 새로운 패션을 등장시켰다. 전쟁의 영향으로 여성 복식의 장식적인 디테일과 과장이 사라졌으며 여성들은 사회활동과 더불어 자유롭고 간편한 옷차림을 추구하게 되었다. 오히려 전쟁을 계기로 여성복의 본격적인 현대화가 이루어져 치마 길이는 짧아지고 목과 팔이 보이는 더 단순하고 실용적인 의상을 착용하게 된 것이다.

이에 따라 1900년대 초반 상류층에 널리 퍼져 있었던 아르누보의 S자형 실루엣이 사라지고 아르데코(Art Déco)의 영향으로 단순함을 강조한 낮은 허리선(low waist)의 직선형 실루엣이 유행하였다.

전쟁으로 인한 가치관의 변화는 다양한 실험적인 복장으로 나타났는데, Paul Poiret(폴 푸아레)의 등장으로 여성들은 그 당시 대부분의 인체를 압박하던 디자인으로부터 자유로워질 수 있었다. 푸아레는 서양 패션에서 크레타 시대로 올라갈 만큼 오랜 관습인 코르셋

1910s fashion

Robe du Soir Satin Noir et Tulle,
George Barbier, 1913

Fancy dress costume, Paul Poiret, 1911 ©
The Metropolitan Museum of Art

Minaret tunic, Paul Poiret, 1914

Exotic evening dress,
Georges Barbier, 1914

Chanel dresses in jersey, 1917

을 없애고 20세기 모드의 기초를 만들었으며, 호블 스커트(hobble skirt), 하렘팬츠 스타일 (harem pants style), 미나레 스타일(minaret style), 엠파이어 튜닉 스타일(empire tunic style) 등 여성의 자연스러운 신체 곡선을 살리는 우아한 스타일을 창안하였으며 동양풍 모드를 선보여 20세기 초반 여성들에게 새로운 패션의 아름다움을 선사했다.

3) 1920년대 패션

1920년대는 미국이 승전과 군수 산업의 확장으로 세계 경제에서 영향력이 커지면서 강국으로 등장하였고, 이에 따라 미국인들의 생활양식이 전 세계에 보급되어 미국적 라이프스타일이 유행하기 시작하였다.

이 시기에는 사회·문화적 활동이 활성화되어 20세기 현대 사회의 가장 큰 특징으로 꼽을 수 있는 대중문화가 태동하였다. 사람들은 전쟁으로 인해 억눌려 있던 감정들에 대한 해방의 표현으로 재즈와 스포츠에 열광하였으며 미국의 물질적 번영을 배경으로 소비와 쾌락을 추구하였다.

특히 이 시기는 패션이 급격하게 변화한 시기로 데 스틸[De Stijl]과 바우하우스(Bauhaus)의 기능주의의 영향으로 패션은 기능성과 단순성을 추구하는 스타일로 변화되어 갔으며 아르데코(Art Déco)의 영향을 받아 추상적이며 기하학적인 모티브가 주로 사용되었다.

여성들은 처음으로 다리를 드러냈으며 20세기 동안 유행했던 짧은 스커트의 물결이 최초로 나타났다. 모더니즘을 따라 패션에서도 직선적인 실루엣이 유행하였는데 1920년대 전반기에는 스커트 길이가 무릎 밑으로 짧고 가슴은 납작하여 마치 소년과 같다고 하여 이를 보이시 스타일(boyish style)이라고 하였다. 보이시 스타일은 짧은 밥(bob) 헤어스타일, 납작한 가슴, 낮은 허리선으로 소년 같은 이미지를 특징으로 하며 전체적으로 스트레이트 박스 실루엣(straight box silhouette)을 이룬다. 미국에서는 이러한 스타일을 말괄량이 아가씨 같다고 하여 플래퍼 스타일(flapper style)로 불렀다. 플래퍼 스타일은 여성들의 지위 향상, 사회 진출과 더불어 자유로운 생활을 하는 관습을 타파한 젊은 여성들의 엉뚱한 스타일을 의미한다.

후반기에는 보이시 스타일과 같이 직선적인 실루엣이지만 소년 같은 소녀 복장의 가르손느 스타일(garçonne style)이 유행하여 1920년대를 대표하는 룩이 되었다. 가르손느 (garçonne)란 프랑스어로 소년을 뜻하는 가르손(garçon)의 여성형으로 프랑스 작가 빅토르 마르그리트(Victor Margueritte, 1866~1942)소설《라 가르손느(La Garconne),

Evening frocks, 1927

Chanel by Malaga Grenet, 1926

Evening dress, Gabrielle Chanel, 1926-27,
©The Metropolitan Museum of Art

1922》에서 유래된 용어로 사내아이와 같은 여성이란 의미를 가지고 있다. 이 소설에서 당시 주목받던 경제활동을 하는 직업 여성을 가르손느라고 불렀으며 가르손느 스타일은 소년 같은 보이시 스타일보다 여성성을 추구하는 곡선미가 가미된 스타일을 의미한다.

이 시대의 대표적인 디자이너로는 지금까지도 너무나 유명한 가브리엘 샤넬(Gabrielle Chanel)을 들 수 있으며 샤넬은 남성복의 요소를 도입한 편안하고 대중적인 디자인으로 인기를 얻었다. 단발머리 모양에 눈썹을 가리도록 푹 눌러 쓰는 클로쉐(cloche)라는 종 형태의 모자가 유행하였고 스커트의 길이가 짧아짐에 따라 시선이 다리로 옮겨지자 스타킹이나 구두의 색상과 디자인이 더욱 다양해졌다.

4) 1930년대 패션

1920년대의 번영과 낙관주의적 경향이 사라지고 1929년 시작된 경제 대공황이 전 세계를 휩쓸면서 미국은 실업자들로 넘쳐났고 노동 운동이 확산되어 갔다. 따라서 직업을 가진 여성들은 다시 가정으로 되돌아갔으며 여성들의 복장에 있어서 다시금 우아함이 강조되었다. 1930년경 스커트의 길이가 길어지면서 낮은 허리선이 제 위치로 돌아오고 인체의 곡선이 드러나는 전체적으로 길고 홀쭉한 롱 앤 슬림(long and slim)의 여성적인 실루엣이 유행하였다.

마들렌 비오네(Madeleine Vionnet, 1876-1975)는 파리에서 바이어스 (bias) 재단으로 몸에 부드럽게 늘어지는, 극히 여성적인 혁신적 실루엣을 선보임으로써 그 시대의 특성을 나타냈으며, 엘사 스키아파렐리(Elsa Schiaparelli, 1890-1973)는 초현실주의 예술을 반영하여 위트 있는 초현실주의 패션을 탄생시켰다. 스키아파렐리는 최초로 지퍼를 쿠튀르 패션에 도입하였고, 눈속임 기법을 활용한 트롱프뢰유 (Trompe l'oeil) 스웨터의 성공을 가져왔으며 어깨에 패드를 넣어 각진 어깨선

Women's Ensembles, 1932

Crêpe nightgown, Grecian-inspired shoot,
Photos: George Hoyningen-Huene, 1931

Evening jacket
Elsa Schiaparelli X Jean Cocteau, 1937, ©
2017 Artists Rights Society (ARS), New York

Shoe hat,
Elsa Schiaparelli, 1937-8,
©The Metropolitan Museum of Art

을 만들고 허리를 강조한 밀리터리 룩(military look)을 선보였지만 1930년대 패션의 기본적인 실루엣은 롱 앤 슬림(long and slim)의 방향으로 흘러갔으며, 품위 있고 우아한 여성스러움이 지속되었다.

5) 1940년대 패션

1939년 제 2차 세계대전이 발발했고 전쟁의 영향으로 여성복의 근대화는 더욱 가속되었다. 전쟁의 영향으로 이미 1930년대 후반부터 보였던 넓고 각진 어깨의 밀리터리룩(military look)이 유행하였으며 전쟁으로 인한 물자 부족으로 스커트의 길이는 점점 짧아져 여성복은 더욱 실용적이고 기능적인 모드로 발전하였다.

1947년 크리스티앙 디오르(Christian Dior, 1905-1957)가 선보인 '뉴 룩(The new Look)'은 세계적인 센세이션을 불러일으킨 동시에, 전쟁으로 여성성을 상실한 모든 여성들을 로맨틱한 복고풍 패션으로 안내했다. 전쟁 중의 제복 스타일에서 탈피한, 벨 에포크 시대를 향수하는 스타일인 뉴룩은 어깨패드를 떼어 낸 부드럽고 자연스럽게 흐르는 경사진 드롭 숄더(drop shoulder), 풍부한 가슴, 잘록하고 가는 허리선, 꽃처럼 화려하게 퍼지는 스커트를 통해 우아한 여성미를 강조하였다. 크리스티앙 디오르는 뉴룩 발표 이후 새로운 라인들을 전개하며 라인의 시대를 열어갔다.

1940s military look

New Look, Christian Dior, 1947,
©The Metropolitan Museum of Art

6) 1950년대 패션

제 2차 세계대전 이후 경제는 더욱 발전하였고 자본 축적의 속도는 빨라졌으며, 전 세계는 초강대국인 미국과 소련을 양대 축으로 하는 이념 대립, 이른바 냉전의 시대를 맞이하게 되었다. 그 결과, 자유 민주주의 국가권에서는 미국이 경제, 문화를 비롯한 모든 면에 있어 선두권을 쥐게 되었고 자본주의 생산 체제 하에서 대량 생산으로 인한 대량 소비 경향이 나타났다.

패션은 보다 넓은 층을 대상으로 하는 산업화, 대중화가 촉진되었고 미국 디자이너들은 2차 세계대전 기간에 미국 내에서의 성공에 힘입어 캐주얼한 기성복 제작에 주력하였다.

1950년대에는 크리스티앙 디오르(Christian Dior), 크리스토발 발렌시아가(Cristobal Balenciaga), 위베르 드 지방시(Hubert de Givenchy), 피에르 발맹(Pierre Balmain), 이브 생 로랑(Yves Saint Laurent) 등 해마다 디자이너들이 새로운 라인을 창조해 내면서 1950년대 패션의 특징인 라인(line)의 시대를 전개하였다.

그 중에서도 디오르(Dior)는 버티컬(vertical) 라인, 오벌(oval) 라인, 튤립(tulip)라인, H-라인, A-라인, Y-라인, 마그넷(magnet) 라인, 스핀들(spindle) 라인을 발표하면서 천부적인 감각과 재능으로 라인의 시대를 이끌어 갔다. 한편 이 시기에 샤넬은 파리의 오트 쿠튀르(haute couture)로 돌아와서 샤넬 수트(Chanel suit)를 발표하였다. 샤넬 수트는 저지(jersey)나 트위드(tweed) 소재를 사용하여 직선적인 실루엣에 칼라가 없는 심플한 목둘레와 재킷 도련을 브레이드(braid)로 선 장식을 하고 속에 입는 블라우스와 재킷의 안감을 매치시켜 큰 반응을 일으켰다. 모든 디자이너의 스승으로 불리는 발렌시아가는 와토가운(Watteau gown)이라 불리는 로코코 시대 의상의 영향을 받아 세미피티드 룩(semi fitted look)을 선보였으며 목과 어깨 근처의 유별난 헐거움을 특징으로 한다. 그는 크리스티앙 디오르와 함께 2차 세계 대전 이후 파리 오트쿠튀르의 황금시대를 열었다.

또한 이 시기에는 여자도 바지를 일상복으로 착용할 수 있는 사회적 가치관의 변화에 따라 여성 패션에 바지 스타일이 일반화되기 시작하였다. 특히 리바이스(Levi's)사의 등장은 이러한 경향을 촉진시켰다.

Evening wrap,
Cristobal Balenciaga, 1951

Ensemble,
Christian Dior, 1955

7) 1960년대 패션

1960년대에는 과학 기술의 발달에 따른 인간 소외 현상에 대한 반항 의식과 함께 여성 해방 운동, 인종 차별 문제, 전쟁에 대한 불안감이 복잡한 양상으로 나타났다. 기존의 가치관을 거부하는 히피(hippies) 운동이 전개되었으며 우주선의 발사로 우주 탐험의 시대가 시작되었다. 또한 미국에서는 케네디 의원이 48세의 젊은 나이로 대통령에 당선되면서 젊은이들의 우상이 되었고, 재클린 케네디(Jackline Kennedy) 여사는 여성 해방 운동과 패션에 큰 영향을 끼쳤다.

1960년대는 젊은이의 시대로 지칭되며 독특한 청년 문화가 형성되었는데 특히 록(Rock'n Roll)음악이 비틀즈와 롤링 스톤즈(Rolling Stones)에 의해 전 세계 젊은이들에게 영향을 미쳤다. 패션에 있어서는 구매력이 있는 젊은이들을 위한 영 패션(young fashion)의 시대가 열렸고 메리 퀀트(Mary Quant, 1934~)와 앙드레 쿠레쥬(André Courrèges, 1923~)가 선보인 미니스커트(mini skirt)는 전 세계적으로 유행하였다. 미니스커트는 당시 모델이었던 트위기(Twiggy)의 가냘픈 몸매와 천진난만한 모습의 단발머리(bob hair) 와 함께 선보여 큰 인기를 얻었고 1965년, 66년에는 그 길이가 점점 더 짧아져 스커트 총 길이가 18인치 밖에 안 되는 가장 짧은 미니스커트가 대량 생산되어 판매되었다.

Twiggy's mini dress, 1960's fashion,

이 시기의 대표적인 디자이너인 앙드레 쿠레쥬(Andre Courrege)는 미니(mini)를 주요 패션 경향으로 발전시켰으며 건축학적인 실루엣과 우주 시대를 연상시키는 작품들을 디자인에 선보이며 1960년대 패션에 활기를 불어넣었다.

Three Mini Dresses, Pierre Cardin : left to right 1965, 1969, 1967

8) 1970년대 패션

1970년대는 두 차례의 오일 쇼크와 달러 쇼크 그리고 이에 따른 인플레이션 현상으로 인한 경제적 불황기로, '소비가 미덕'인 시대에서 '절약이 미덕'인 시대가 되어 사람들은 좀 더 실제적이고 합리적인 생활을 추구하였고 의복에 있어서는 실용성을 추구하였다.

1970년대의 중요한 사회 현상 중 하나인 여성 해방 운동의 영향으로 바지가 여성 정장 스타일로 받아들여져 판탈롱(pantalon)이 패션의 주를 이루었다. 또한 미니스커트와 핫팬츠와 함께 롱부츠가 유행하였으며 의복에 대담한 프린팅을 사용하였다. 1970년대 후반에는 펑크스타일(punk style)이 런던의 젊은이들 사이에서 유행하였는데 펑크란 '재미없는 것, 시시한 것, 불량 소년소녀, 풋내기' 등의 의미로 반항적이고 파괴적이며 공격적인 패션으로 반체제 패션의 상징이었다. 또한 이 시기에는 프레타포르테 컬렉션을 통하여 에스닉 스타일(ethnic style), 포클로어 룩(folklore look), 로맨틱 스타일(romantic style), 레이어드 룩(layered look), 빅 룩(big look), 컨트리 룩(country look), 스포츠 룩(sports look) 등이 등장하였다.

1970's punk style

1970's fashion style

9) 1980년대 패션

1980년에는 이란과 이라크의 전쟁으로 인한 에너지 파동으로 세계 경제는 계속 침체되었다. 이는 사회 전반은 물론이고 사람들의 가치관이나 생활양식을 근본적으로 변화시켜 현명한 소비 생활과 절약 풍조를 야기하였다. 포스트모더니즘(postmodernism)의 영향으로 예술에 있어서는 특정 장르 의식이 붕괴되고 혼합되는 양상을 보였으며, 패션에 있어서는 양면적 요소의 절충적인 패션이 다양하게 등장하였다. 전통성과 현대성, 정숙성과 비정숙성, 남성성과 여성성, 서구성과 비서구성 등이 패션에 절충적으로 도입되어 기존의 패션 개념에 혁신적인 변화를 가져왔다.

1980년대 초부터 전체적인 실루엣이 조금씩 풍성해지기 시작하여 내추럴(natural)한 어깨선과 현대성, 합리성을 고려한 기능적인 빅 룩(big look)이 주를 이루었다. 1980년대 중반에는 인조 모피와 인조 보석이 크게 유행하였으며 다운 파카도 유행하였다. 미국의 록 가수 마돈나는 '라이크 어 버진(like a virgin)'이라는 노래를 부를 때 미니 스커트에 검은색 브래지어, 레이스가 포인트로 달린 재킷 등 여성스럽고 섹시한 의상을 입어 마돈나 룩(Madonna Look)을 유행시켰다. 이처럼 1980년대는 특히 록 가수의 영향을 많이 받았는데 영국의 록 가수 듀란듀란(Duran Duran)은 말끔한 외모에 화장까지 하여 여성복을 남성이 입거나 남성복을 여성이 입는 성 개념을 초월한 현대적인 앤드로지너스 룩(androgynous look)을 유행시켰다.

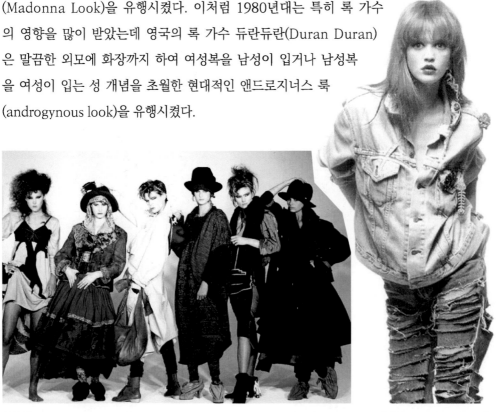

1980's fashion, Vivienne Westwood

Ripped jean, 1989 Vicky Carnegy저.
Fashions of a Decade: The 1980's

10) 1990년대 패션

1990년대는 산업 사회에서 정보화 사회로 전환하는 변화 과정에서 국제화, 세계화를 지향하는 새로운 21세기로 이행하는 시기였다. 1990년대는 80년대부터 이어져 오던 포스트모더니즘의 영향이 극대화되고 각 영역 간의 수용과 절충이 나타났다.

패션에 있어서는 과거와 달리 사회 전체에 영향을 주던 지배적인 스타일이 사라지고, 특정 양식이나 규칙에 얽매이지 않고 개개인의 개성을 존중하는 다양한 스타일이 혼합되는 양상이 보였다. 힙합 룩(hip-hop look), 그런지 룩(grunge look) 등 다양한 하위문화의 스트리트 패션(street fashion)이 크게 유행하였고 1990년대 후반에는 미니멀리즘(minimalism)이 패션뿐만 아니라 의식주 생활 전반에 영향을 미쳤으며 동양적인 정신세계를 반영한 절제된 스타일의 젠 스타일(zen style)이 등장하였다.

한편, 세기말적 현상으로 현실에 대한 불안감과 미래에 대한 기대를 익숙한 것에 대한 향수로 해석하는 레트로 룩(retro look), 낭만적인 스타일의 로맨틱 룩(romantic look)이 부각되었으며 자연과 환경에 대한 사람들의 관심이 높아지면서 패션에도 재활용주의, 자연주의의 무드가 반영되어 에콜로지 룩(ecology look), 에스닉 룩(ethnic look) 등의 패션 경향도 나타났다.

1990's fashion, Versace

a satin dress, Elane Feldman저. Fashions of a Decade: The 1990's

2. 현대 한국 패션[1]

서양이 위와 같은 패션의 변화를 보이는 사이 현대 한국에서는 어떠한 패션이 전개되었을까?

1876년 한·일 수호조약(韓·日 修好條約)을 체결함에 따라 한국은 개항과 더불어 근대화를 추진하기 시작했으며 1894년 갑오개혁을 기점으로 정치제도에서부터 모든 생활양식에 이르기까지 서양 문화를 따르려는 근대적 운동이 일어났다. 이 시기를 개화기(開化期)라 부르는데 한국 패션도 이를 계기로 변화를 맞이하게 된다.

1) 19세기 말

1870년대 초에 소수의 지식인들을 중심으로 개화사상이 형성되었으며 1876년 한·일 수호조약을 체결함에 따라 근대화가 추진되었다. 이는 서양 패션 수용에 영향을 미쳤으며, 전통한복 간소화와 양복화의 정책을 시행하는 등 한국 복식에 있어 개혁이 시작되었다. 이 시기에는 신문, 잡지, 텔레비전 등 대중매체도 발달하여 복식 변화를 촉진시키는 요인이 되기도 하였다.

남성복과 달리 19세기 말 여성복은 자연스럽게 서서히 변화하였다.

여성 양장의 시작은 1899년 외국 유학을 하고 돌아온 윤치호 부부의 양복과 양장 차림이 그 효시로, 한국 여성들의 양장은 상류사회 여성과 유학생, 그리고 해외 방문을 하고 귀국한 고급관리 부인들로부터 시작되었으며, 이 시기 양장의 특징은 당시 서양 패션의 흐름을 따라 깁슨 걸 스타일(Gibson girl style), 지고 드레스(gigot dress), 버슬 스타일(bustle style) 등 대부분 긴 플레어스커트에 트레인이 달린 S자형 실루엣이었다.

당시로서는 흔하지 않았던 유학생과 상류층 여성들을 중심으로 한국 사회에 서서히 양장이 도입되기 시작하였다. 이러한 상류층 여성들의 패션과 한국에 선교를 목적으로 들어온 선교사들의 복식은 일반 여성들에게 한국 전통복의 변화에 대한 필요성을 논하는 계기가 되었다.

한편, 전통복의 저고리 길이는 20cm 안팎으로 매우 짧아졌고 여기에 긴치마를 착용하였는데, 긴치마에 비해 저고리 길이가 너무 짧았으므로 가리개용 허리띠가 필요할 정도였다. 일부 서민층 여성들은 '두루치기'라 불리는 폭이 좁고 짧은 통치마를 입기도 하였다.

---

1 채금석, 세계패션의 흐름, 지구문화사, 2003

양장미인으로 소문난 윤고려   고종의 '엄비'

2) 1900년대

1905년 을사조약과 함께 1907년 헤이그 밀사 사건을 계기로 고종이 왕위를 양위하고 군대가 해산되는 등 20세기 초 벽두부터 한국 사회정세는 불안했다. 대원군의 쇄국정책으로 폐쇄적이었던 조선사회에도 새로운 문물들이 소개되기 시작하였으며 국권이 상실되는 위기 속에서 교육으로 나라를 구하자는 애국계몽운동의 일환으로 신교육이 강조되었고, 이는 여학교 설립에 자극제가 되었다.

이런 급격한 사회 변화 속에서 의생활에도 새로운 변화가 나타났는데, 대다수 일반인들이 여전히 전통한복을 착용하는 가운데, 일부 서양복을 착용하는 사람들이 생겨나기 시작하였다. 1907년 서울 거리에 양장 여인이 처음으로 등장하였고, 1910년에는 여학생에 한하여 반양장이 시행되었다.

이와 같이 당시 패션은 전통한복과 서양복, 그리고 전통한복과 서양복을 절충한 반양장의 세 가지 스타일이 공존하였다. 그러나 이러한 분위기 속에서도 일반 여성들은 여전히 전통한복을 가장 선호하였다. 당시 전통한복 저고리는 19세기 말 저고리 형태를 그대로 유지하고 있었다. 저고리는 인체에 너무 밀착되고 길이는 짧았기 때문에 이로 인한 가슴 노출을 커

버하기 위해 띠를 둘러서 입기도 하였다.

20세기가 시작하면서 한국 여성들의 사회활동 범위가 늘어나기 시작함에 따라 전통복식에도 많은 변화가 생기기 시작하였다. 우선 여성들의 활동에 불편한 장의(長衣) 착용이 폐지되어 이를 사용하는 여성들이 줄어들었고, 저고리의 품은 다소 넉넉해지고 길이는 점점 길어진 것으로 추정된다.

치마는 저고리 색과는 다른 색으로 배색하여 착용하는 것이 당시의 일반적 경향이었으나, 이화학당의 창립 초기 학생들에게 붉은 목면 치마저고리를 한 벌로 입혀서 혁신적인 변화를 일으켰다.

1910년경에는 쓰개치마나 장옷은 완전히 자취를 감추었다. 해외에서 귀국한 여성들은 반양장 스타일로 이목을 집중시켰는데, 1907년에는 최활란이 당시 동경에서 유행하던 '퐁파두르' 머리와 짧은 통치마를 입고 양말에 검정 구두를 신은 차림으로 귀국하여 화제가 되기도 하였다. 또한, 일부 친일파 계층은 일본의 화복을 입기도 하였으며, 부인회에 참여하거나 교회에 다니는 신여성들 일부는 양장을 하였다.

당시 옷은 서양복을 제외하고는 가정에서 직접 만들어 입었고, 1908년에 '부인 양복점'이 최초로 오픈하였는데, 이는 주로 상류층 부인이나 해외유학생들이 이용하였고, 일반인은 그 가격이 너무 비쌌기 때문에 이용하지 못하였다.

장옷을 걸치고 외출하는 부녀자들

1907년, 최초로 숙명여학교 교복에서 지금의 간호원 복과 비슷한 자주색 옷감의 원피스에 분홍색 안을 댄 '본닛 모자'를 쓰고, 여름철에는 밀짚모자에 구두를 신는 유럽식 양장 교복이 등장하였다.

이는 당시 개량한 한복 스타일의 이화학당 교복보다 더 참신하였으나, 너무 혁신적인 변화라서 사회적으로는 환영을 받지 못하고 결국에는 3년 뒤에 한복으로 교체되었다.

3) 1910년대

1910년, 일본의 정치적 월권행위에 고통 받던 우리 국민들은 외국으로 망명을 시도했으며, 이로 인해 해외교류도 점차 늘게 되었다. 또한, 1917년에는 유락관에서 이탈리아 영화를 상영하였고, 문인들의 많은 작품들이 발간되는 등 문화적 측면에서의 활동은 비교적 활발히 이루어졌다.

한일합방을 겪으면서 의생활에도 많은 변화가 일어났는데, 가장 두드러진 것은 남성복에 나타난 일본화한 경찰복과 교복을 비롯한 제복의 등장이다. 관복의 서양화는 19세기 말 제정되었고 경찰복과 교복이나 간호복 및 제복 등은 20세기 초에 도입되어 1910년대에 보다 많이 보급되었다.

여학생들의 교복에 있어서 당시 일본인이 설립한 학교들은 일본 스타일을, 선교사들이 세운 학교는 전통복에 양장이 혼합된 스타일을, 한국인이 세운 학교에서는 거의 변화 없이 이전 스타일을 고수하였다.

1910년대부터 현대화해 가는 실생활에 편리하도록 전통 한복에 대한 개량논의가 본격화되었다. 당시 가슴을 동여매는 한복의 치마허리는 가슴을 압박하고 특히 성장기 소녀들의 신체 발육에 영향을 미쳤으므로, 이에 대한 개선을 지적하였다. 1914년, 이화학당의 교사 Miss Walter는 오늘날 '어깨허리'라고 부르는 치마허리 형태를 고안하여 학생들에게 고쳐 입게 하였는데, 이는 활동을 편리하게 하고 인체를 편안하게 해주었으므로 이를 착용하기 시작한 학생들에 의해 곧 전국적으로 확산되었다.

1910년대의 전통한복 치마는 보행이 불편할 정도로 길고 저고리는 가슴을 가리기 힘들 만큼 짧고 소매는 좁아서 활동에 불편하였으므로 신여성들을 중심으로 짧은 통치마와 긴 저고리로 개량한 한복이 유행하였다.

처음 여성 선교사들의 양장을 본떠 만든 통치마는 외국 유학생들을 중심으로 착용되기 시작하여 사회활동을 하는 여성들이 활동에 편리하도록 치마 길이를 짧게 하였는데, 후에 일반 여성들 사이에서도 유행하여 경기여고의 전신인 한성고등여학교에서 흰 저고리에 검정 통치마 교복으로도 나타났다. 그러나 보수적인 기존의 동양적 사고관으로 볼 때, 발목이 보이는 짧은 통치마는 당시로서는 혁신적인 것이었다. 그러므로 통치마 길이는 사회논란을 불러일으키곤 하였다.

그 밖에도 여학생들은 치마에 주름을 크게 잡아서 입었으며, 양산이나 핸드백을 들어 패션을 만들어 나갔다. 이때의 통치마는 보통 2층으로 줄인 무릎까지 닿는 짧은 치마였으며, 주름을 매우 넓게 잡아서 입었다.

당시의 패션 선도자는 여학생들로, 이들은 교복으로 입었던 치마저고리의 색이나 형태로 다양한 변화를 주었다. 숙명여학교는 양장 스타일의 혁신적인 교복이 사회에서 별로 호응을 얻지 못하자, 3년 만에 자주색 원피스에서 자주색 치마저고리의 한복으로 교복을 바꾸었다.

그 후 여름에는 흰색 저고리에 자주색 치마를 입고, 겨울에는 자주색으로 위·아래 한 벌로 착용하였다. 또 이화학당은 붉은색·자주색·연두색·옥색·백색의 저고리에 발목 위를 덮는 긴 치마를 입었는데, 학당에 침모를 두어 계절에 따라 배색을 다양하게 하여 패션을 선도하였다.

한편, 여학생들을 중심으로 두루마기를 입기 시작하였는데, 여자들에게도 사회활동이 허용되고, 장옷과 쓰개치마가 없어지면서 두루마기를 착용하였다. 이 두루마기는 양장의 외투

1910년대 한국 복식, 월터 선생의 치마허리 검사 장면

가 등장하자 차츰 퇴색해 갔으나, 한복에는 두루마기가 품격 있게 보였으므로 일부에서는 계속 애호하였다.

한일합방 이후의 여성복에는 슈트, 재킷, 투피스, 원피스 등 양장 패션이 보이고 있었다. 당시 양장으로 가장 많이 선호하던 것은 원피스였다.

1910년 이후에는 엠파이어 스타일에 허리를 가늘게 조이고 히프 주위에 서 부드럽게 내려오며 뒤에는 트레인이 길게 끌리는 스타일이 나타났고, 하이 네크라인에 러플 칼라나 스탠드 칼라가 달린 디자인이 많았으며, 지고 소매 형태나 비숍 소매 및 종 모양의 7부 소매나 퍼프 소매 등 팔목을 상당히 노출한 스타일이 보이고 있다. 또 1918년 이후에는 바닥길이의 스커트가 발등 길이로 짧아지고, 이로 인해 속적삼·단속곳·속속곳·다리속곳·너른바지 등의 전통적인 속옷들이 사라지기 시작하였다.

4) 1920년대

이 시대에는 문화정책으로 어느 정도의 언론 출판이 허용되었다. 조선과 동아 양대 일간지 발간을 시작으로 월간지, 동인지, 각종 단행본 등이 간행되어 사람들의 문학·예술 공감의식면에선 대중예술성을 고취하는 데 크게 기여한 전환기라고 볼 수 있다.

이 당시는 한국의 여성운동이 다양한 형태로 표출되었다. 여성들의 정치적·사회적 의식이 계발되어 야학이나 강연회 등을 통한 문맹 퇴치와 지식계발을 목적으로 하는 단체나 여성 직업 단체도 조직되었고, 더 나아가서 여성 기술 교육·저축 장려·부업 알선으로 여성들의 사회 활동 참여에 기여하게 된다.

3·1운동 이후, 일제는 표면적으로는 문화정치를 표방하였지만, 그 이면에는 우리 고유의 미풍양속을 말살하고자 하는 의도가 내재되어 있었으며, 이에 따라 한복보다 양장 착용을 권장하였다. 양장 착용 권장에 따른 정책으로 일반 여성들의 양장 착용은 1910년보다 확산되기 시작하였다. 특히 사회활동을 활발히 하는 신여성들은 복식 개혁을 적극적으로 추진하였다.

이에 따라 여러 사설 양재교육 단체가 우후죽순으로 생겨났고, 양재에 대한 기술과 교육을 펼쳐나갔다. 여러 단체에서 여성들의 복식에 대한 문제점을 지적하였고, 저고리 길이를 가슴 아래까지 내리고 치마는 활동이 편한 길이로 줄인다든가 가슴을 압박하여 성장기 소녀들의 신체발육과 활동을 제한하는 치마허리 대신에 치마의 어깨허리를 권장하였으며, 그 밖에도 저고리의 깃과 동정을 비롯해서 두루마기의 길이나 고름 등에 대한 수정을 다양하게 제안하였다.

복식 개혁에 따른 개량한복 운동은 상당히 효과를 거두었고, 일부 가정부인 등 특수층을 제외한 사회 활동에 참여하는 신여성들은 긴 저고리에 주름 잡은 넓은 통치마를 입었다.

1920년대 말경에는 통치마에 긴 저고리가 보편적인 스타일이 되었고, 1930년대에는 모두 긴 저고리로 바뀌었다. 당시 여학생과 신여성들 사이에서는 흰 선을 두른 통치마나 치마 단까지 주름을 잡은 통치마에 허리까지 오는 긴 저고리 차림이 유행하였으며, 여기에 양말과 하이힐을 신고 한쪽 어깨에는 두루마기를 걸친 모습이 그 시대의 첨단을 가는 멋쟁이의 패션이었다.

1920년대를 전후하여 당시 여학교 교복이 흰 저고리에 검정 치마로 통일되면서 각 학교들은 주름 폭 등을 달리하여 나름대로의 개성과 특색을 나타내고자 하였다.

1920년대 이화 학생들의 저고리는 조금 길었는데, 서서히 더 길어져 나중에는 허리길이만큼 되었으며, 저고리의 길이에 비해 화장이 짧은 것이 당시의 패션이었다. 여학생 교복 치마가 흰 저고리에 검정 통치마로 통일되기 시작하면서 발목 부분이 노출되자, 여학교마다 통치마의 길이에 대해 무척 민감한 반응을 보였다.

대체로 무릎에서 발목 길이의 1/3로 치마길이를 규정하였으나 치마 길이는 점점 짧아져 갔으며, 이는 역시 스커트 길이가 점점 짧아져 가는 서구 스타일의 영향이 신여성들에 의해 전해진 것으로 추정된다. 당시 미국은 플래퍼 스타일, 영국은 보이시 스타일, 파리는 보이시 스타일과 가르손느 룩 등 전체적으로 패션에 있어 보이시한 경향이 주도하였고 이에 따라 치마길이도 짧아지는 경향이었다. 이렇게 전통한복에 대한 개혁과 함께 양장의 착용도 늘어났다. 각종 양재 학교·신문·여성단체 등에서 이루어진 양재 강습은 양장 확대 보급에 큰 역할을 하였다. 이 시기 양장의 소개는 대부분 여학교 교복과 유학생, 그리고 일본인이 경영하는 양복점이 그 창구 역할을 하였다.

이 시기의 여성 양장은 부분적으로 장식적인 요소를 첨가한 스타일이었으나, 중반기 후에는 직선적인 스타일이 나타났으며, 스커트의 길이는 초기의 발목에서 점점 올라가기 시작하여 1928년에는 무릎까지로 짧아졌다. 치마의 길이가 짧아지면서 1920년대부터 서양식 속옷인 팬티를 입고, 팬티 위에 단속곳과 바지를 입었다.

여성들의 사회 진출의 영향으로 스포츠를 즐기게 되었고, 이에 따라 다양한 운동복이 생겨났다. 운동복 역시 서양의 영향이 지배적으로 정구복·야구복·기계체조복 등이 있었는데, 대부분 무릎길이의 검정색 블루머와 백색 블라우스로 구성되었다.

20년대에는 수영복이 처음 등장하였으며, 20년대 후반부터는 어깨와 겨드랑이, 넓적다리까지 노출시켜서 현재의 수영복과 비슷한 디자인이 나타났다. 일부 계층의 사람들은 일본 전통 복식인 기모노를 단순하게 변형한 의상으로 기모노와 비슷한 유카타에 게다를 신고 대로를 활보하기도 하였다.

김활란 박사의 개량 한복,
1920년대

신여성의 상징인 통치마와 단발머리,
1920년대, 동아일보 1924년 3월 27일자

1920년대 여학생 교복

당시 가장 놀랄 일은 단발의 유행이었는데, 단발형의 헤어스타일이 점점 늘어나서 단발미인의 한자어인 '모단걸'(毛斷傑)이란 신조어도 등장하였다. 또한, 1920년대에는 유럽에서 가브리엘 샤넬에 의해 크게 유행한 클로쉐 모자가 우리나라에도 소개되었다.

5) 1930년대

1930년대에는 조선시대의 전통복식은 거의 사라지고 양장 차림의 여성들이 대부분이었다. 1930년대 초반에는 저고리의 길이가 길고, 화장은 짧으며, 양장의 플리츠스커트처럼 통치마에 주름을 넓게 잡고, 단발머리에 하이힐을 신은 모습이 당시의 전형적인 신여성이었다. 일반 부인들은 여전히 전통복 차림이었고, 통치마와 저고리의 개량한복은 물론이고, 긴 치마와 저고리의 전통복에도 서양식 머리나 숄 및 양산 등의 장신구들을 한복과 혼용하여 착용하였다.

여성들의 양장은 남성들의 양복점에서 부수적으로 만들었다. 1938년 최경자 씨가 최초로 함흥 양재학원을 설립하였고, 또 양장점을 개점함으로써 여성복이 양장점에서 만들어지기 시작하였다.

1934년 6월 16일에는 오늘날의 패션쇼라고 할 수 있는 국내 최초의 여의감상회(女衣感想會)가 개최되었으며, 여의감상회는 유행에 대한 관심이 적고 인식이 부족한 당시 사회에 있어서 새로운 의복의 방향을 제시하였다.

이 시대 양장 스타일은 초기에는 보이시했으나 중반기 이후부터는 보다 여성스럽게 변화해 갔으며, 코트 역시 초기에는 허리에 벨트가 있고 웨이스트라인 아래로 A라인의 플레어가 지거나 랩스커트 형의 볼륨감 있는 스타일 등 디테일이 여성스러웠지만, 후반기에는 다시 직선의 실루엣이 등장하였다.

1920년대와 달리, 1930년대 원피스는 대부분 허리에 벨트가 있고 부드러운 카울의 네크라인 등 다양한 스타일이 보였으며, 목에는 스카프를 두르거나 목걸이 등의 장신구를 즐겨 착용하였고, 소매는 퍼프소매와 라글란 소매가 일반적이었으며, 소매 끝을 레이스로 장식하기도 하였다. 서구에서 1920년대 유행하였던 로우 웨이스트의 가르손느 스타일의 보이시한 원피스가 이 시기에 보이기도 하였다.

여성들의 노출 확대로 속옷이 변화해 갔는데, 개량형의 속치마를 착용하게 되었다. 기성복 착용이 증가하면서 양장이 다양화함에 따라 의복의 색도 전보다 다양해지고 여성들도 대담하게 자신이 선호하는 색상이나 무늬를 택하게 되었다.

1930년대에는 일반부인들 사이에서 전통복 차림이 보다 늘어난 반면에 지식층이나 젊은 여성들은 양장 차림이 늘어나는 변화가 있었다. 특히 지나친 외래품 사용 및 모피 목도리의 파급 등 부정적인 측면도 없지는 않았으나, 전반적으로 여성들이 유행에 민감하였고, 화려하고 다양한 양장 스타일이 등장한 이 시기를 한국 양장의 전성기였다고 해도 과언이 아니다.

1939년 제2차 세계대전 동안 서구에서는 어깨선이 각진 군복 스타일이 유행하였다. 엘자스키아파렐리는 각진 어깨에 가슴선을 강조하고 허리가 잘록한 스타일의 밀리터리 룩으로 이목을 집중시켰으며, 이는 곧 세계적인 패션이 되었다. 어깨·깃·소매·포켓의 선이 직선적인 남성적 스타일로 변화해갔으며, 이에 따라 한국 양장 패션도 비슷한 흐름으로 변화하였다. 스커트의 모양과 길이도 짧아지고 활동적인 형태로 변해갔다.

한편, 1930년대 들어서 여학생들의 교복에 양장이 등장하였다. 1920년대까지 교복은 전통복이 대부분이었으나, 다시 등장한 양장 교복은 블라우스·스웨터·주름치마·세일러복·타이·모자 등으로 구성되었는데, 가장 인기 있었던 양장 교복은 숙명여학교의 것으로, 1931년에 다시 제정한 하복은 둥근 깃의 흰 블라우스와 감색 점퍼스커트에 흰 스타킹을 신었으며, 자주색 리본을 단 흰색 모자를 썼다. 동복은 감색 세일러복으로 같은 색의 스커트와 자주색 리본을 단 감색 모자였다. 이화는 여전히 한복을 입었는데, 저고리는 길고 치마는 짧았으며, 주름을 크게 잡아 입는 통치마가 유행이었다. 이 밖에 경기, 배화, 동덕, 덕성 등도 검은색이나 감색 주름치마에 블라우스를 착용하였다. 여학생들의 교복이 양장화 되자, 일반 여성들에게 이를 본 딴 디자인이 크게 유행하기 시작하였다.

1930년대 여성 복식, 이화여전 학생들의 스타일

1937년 유복한 가정의 여섯 살 소녀(좌),
일본의 영향으로 양장과 함께 기모노 착용(우), 1930년대

6) 1940년대

1940년대에는 제2차 세계대전의 격동 속에서 사회는 온통 들끓고 일제의 억압은 극에 달했다. 1940년대 들어와서 사치품 제한 금지령이 내려짐으로써 한창 유행하던 비로드도 생산이 금지되었다. 전시체제가 강화되면서 교복도 모두 전쟁수행의 노력 동원에 적합한 것으로 바꾸도록 하였으며, 개량 한복 스타일의 학생 교복은 검정 통치마와 흰 저고리로 변화하였고 기숙사에서는 이불 색깔까지 규제하였다.

이 시기에는 전시에 맞는 검소한 옷차림이 강조되었는데, 일반 여성들에게는 개전복이라는 옷차림을 권장하였다. 그리고 남자에게는 국민복을, 여자에게는 일본 여자의 노동복인 몸빼라는 바지를 강제적으로 입게 하고, 여학생들에게까지 몸빼를 강요하였다. 당시 부녀자들이 몸빼를 착용한 모습은 한국 복식사의 진풍경을 이루었다. 한국여성들의 전통 속옷인 고쟁이와 같은 모양의 몸빼는 작업복과 외출복으로 발전하였는데, 따뜻하여 방한복으로도 사용한 이 옷은 제2차 세계대전이 끝날 무렵에 일본 전 지역으로 퍼졌고, 그 이후 다시 한국에 재 유입되었다. 몸빼는 여학생의 교복을 비롯하여 여성 패션의 하나로 자리 잡아 운동화와 함께 착용하였는데, 숙명학교 학생들은 교복 하의를 바지로 대체하여 몸빼 대신이라고 적극 주장하여 일제의 강제적인 몸뻬 착용을 끝끝내 반대하였다. 광복 직후 일본인들의 귀국으로 생활용품 생산이 중단되어 생필품의 품귀와 폭등이 심해지자 당시 남자들은 일본 군복이나 국민복을, 여자들은 몸뻬에 블라우스를 그대로 착용하였다.

1945년 광복 후 전통복과 양복 차림의 사람들이 거리로 몰려나왔다. 당시 상류층과 신여성이라고 불리던 극히 제한된 여성 이외에는 대부분 한복을 착용하였다. 전통한복과 통치마 개량한복을 모두 다시 입게 되었는데, 여학생이나 사회활동을 하는 여성들은 개량한복을 입고, 일반 부인들은 전통한복을 착용하였다. 당시 우리 사회의 복식문화는 의류산업의 미약한 바탕 위에 각종 구호품과 밀수품이 소비의 주종을 이루었다. 그 중에서 밀수품인 마카오(macao) 복지와 비로드 옷감이 당시 최고 남녀 멋쟁이의 상징이었다. 이러한 가운데 우리의 복식은 차차 제 위치를 찾기 위한 부단한 노력을 계속하였다.

여학교들은 1946년부터 교복을 새로 제정하였으며 광복 후에는 대학에도 교복이 제정되었는데, 당시 이화여대 학생들은 여름철엔 타이 블라우스와 스커트, 겨울엔 타이 블라우스에 플리츠스커트와 테일러드 재킷 차림의 교복을 입었다. 대부분의 여대생들은 흰 블라우스에 플리츠스커트와 재킷으로 구성된 교복을 입었고, 때로는 체크무늬나 무지의 투피스 차림을 하였다. 개량한복을 입은 경우도 많았는데, 저고리의 길이는 전보다 약간 짧아졌다.

사회가 안정되면서 양재 강습회가 자주 열리고, 각종 양복지·넥타이·모자·화장품의 광고가 신문을 연일 장식하였다. 당시 양장 스타일은 밀리터리 스타일이 지속되었으며, 복지는 미군계통에서 유입된 사지 또는 낙하산감을 이용하였다.

원피스는 일제 말의 개전복 형태에서 크게 벗어나지 않은 스타일이었다. 점차 퍼프소매의 재킷과 폭넓은 스커트 등 부드럽고 여성스러운 스타일이 나타났다. 우아한 투피스 차림의 여성도 많았는데, 러플 장식 칼라에 허리를 강조하고 스커트는 플레어가 진 A라인의 실루엣으로, 이는 1947년 유행했던 크리스티앙 디오르의 뉴 룩 영향으로 극히 일부 계층에게만 전파되어 착용되었다.

바람직한 의생활을 유도하기 위하여 여러 가지 방안이 시도되었는데 신생활 장려추진위원회에서 개량한복 모양의 개량복을 재정하였다. 여자는 일반 가정부인이나 여학

1940년대 여성
복식, 몸뻬바지

생도 모두 '동정'과 '깃'이 없는 적삼과 통치마로 정하여 예식과 외출에 착용하였으며, 사치품 유입을 방지하는 대책을 수립하여 외래품·고급 양복·모자·구두·장식품 등의 밀수를 막으려는 노력도 계속되었다.

7) 1950년대

(1) 1950년대 초

1940년대 후반, 한국 여성의 양장이 정착해 갈 무렵 6·25가 발발하였다.

1950년대 후반부터 사회가 안정되어 감에 따라 여성복식에 대한 관심이 증가하여 각종 언론 매체들은 서구의 유행을 소개하였다. 그러나 1950년 6월 25일, 북한의 침략으로 시작한 한국전란은 우리의 복식문화 전체를 침체기로 몰아넣고 일대 혼란을 겪어야 했다.

당시 구미 각국에서는 시대의 민감한 반응으로 평화를 주제로 한 여러 가지 패션을 발표하는 등 다양하고 화려한 패션을 전개한 반면, 국내에서는 불안정한 사회가 계속되었으며 복식계 역시 수난기였다. 전란 중에는 때로 남자양복을 고쳐 입거나 군복을 이용하여 만들어 입는 등 평범한 스타일이 대부분이었다. 6·25가 일어나면서 의생활은 극히 침체되어 구할 수 있는 옷이라고는 구호품, 군복, 미군부대에서 흘러나온 모포류 뿐이었다. 이런 상황은 전쟁 후에도 한동안 계속되었다. 전쟁으로 인해 경제적으로 심한 타격을 받고 있던 국내에서 대다수 사람들은 의복을 몸에만 맞으면 착용하였으며, 의생활이 궁핍했던 만큼 이 시기에 모드로서 언급할 것이 별로 없다.

의복의 색은 대부분이 군 피복류나 모포류를 사용했기 때문에 국방색이라고 불리는 카키색이나 검정색이 대부분이었다. UN 잠바도 범람하였으며, 1950년대 초에는 1920~30년대 전도부인 차림으로 불렸던 개량한복과 일본식 원피스인 개량복, 그리고 1940년대 말에 등장한 폭이 넓은 여성적인 실루엣의 원피스 등이 대부분이었다.

이 때 한복은 저고리의 등 길이가 길며, 섶·깃·동정은 그 길이에 어울릴 만큼 넓고, 착용 모습은 깃이 밭고 여밈이 깊었다. 그 반면에 치마는 긴 치마도 발목이 보일 정도로 짧았으며, 저고리나 적삼에 고름 대신 단추나 브로치를 다는 것이 유행하였다.

한편, 광복 이후에는 우리 옷에 대한 애착심 향상으로 한복 착용이 증가하였으나, 전쟁을 치르는 동안 한복의 불편함을 인식하게 됨으로써 대부분의 여성들은 한복보다는 활동에 편한 양장을 입게 되었다.

결과적으로 전란은 우리나라 여성들의 일상복이 한복에서 양장으로 전환하는 획기적인 계기가 되었다고 하겠다. 이때부터 한복은 일상복보다는 예복으로 입게 되는 경우가 많아져서 명절이나 혼례 때 입는 전통의상이 되어갔다. 3년 간 계속된 전쟁은 광복 이후에 조금씩 발전하던 양장의 보급을 매우 침체시켰다. 전쟁을 치르는 동안 의복의 형태는 매우 위축되어 다시 딱딱한 '볼드 룩'이 되었으며, 스커트는 좁고 길었다. 원피스는 개량복 형태의 단순한 디자인도 있었지만, 칼라의 크기는 비교적 큰 편이었다. 이와 함께 퍼프소매의 여성스러운 원피스도 입게 되었다.

피난 시절 임시 수도인 부산과 광복동 번화가에서도 밀리터리 스타일의 투피스와 빅 코트가 한창 유행이었다. 특히 두 개의 단추가 달린 재킷과 길고 타이트한 스커트 스타일의 여성패션이 유니폼 물결 같은 풍경을 이루었다고 한다.

블라우스와 스커트에 스웨터를 입은 모습도 흔히 볼 수 있었는데, 스커트의 길이는 대체로 길고 직선적인 실루엣을 보이는 경우가 많았다.

한편, 일부 층이긴 하나 1951년 퍼프소매의 블라우스와 뉴 룩 스타일의 360도 플레어스커트를 입은 여성들도 있었다. 또한, 전쟁의 어두운 생활에 대한 반작용으로 서구풍을 모방하여 가슴을 강조하고 네크라인을 깊게 판 화려한 블라우스와 주름 잡은 넓은 개더스커트가 등장하기도 하였다.

양복점들이 다투어 문을 연 것도 이 무렵이다. 이 양복점들은 마카오 복지가 들어오면서 그 이름을 바꾸기 시작하였는데, 본래 양복감을 파는 도매상이었으나, 양복을 만들어 주는 등 양장점을 겸하기도 하였다.

(2) 1954년(한국전쟁 휴전) 이후

전쟁 이후 휴전과 더불어 평화가 되돌아오자, 이제까지 경제적으로 남성들에게 의존해 오던 여성들이 직접 직업전선에 뛰어들면서 활동에 편리한 양장을 더욱 많이 착용하게 되었다. 각종 대중 매체가 활성화함에 따라 해외와 교류가 늘고 외국의 최신 유행이 소개되기 시작하였다. 양장점이 늘고 여성의 사회진출도 늘어나서 양장 착용은 더욱 증가하고 다양하게 되었다.

이 당시 특이한 사항은 나일론(nylon)의 수입으로 양말에서부터 셔츠, 블라우스, 한복감 등으로 순식간에 보급됨으로써 가히 혁명적이라고 할 만한 복식의 변화를 가져왔다. 나일론은 겉옷은 물론이고 속옷에까지 사용하였으며, 젊은 여성들 사이에서는 반투명의 흰 나일론으로 만든 속옷이 타이트스커트와 함께 유행의 물결을 탔다.

의류 및 기타 장신구의 소비량이 급격히 늘어났고, 여성들은 국내 패션뿐만 아니라 세계 패션에도 관심을 갖기 시작하였다.

텔레비전 방송으로 영화도 유행에 영향을 줌으로써 영화'로마의 휴일'에서 번지기 시작한 오드리 헵번 스타일이 많은 여성들에게 인기를 얻어서 폭넓은 플레어스커트에 짧은 머리가 유행하기도 하였다. 한국 여성 패션이 고개를 들기 시작한 것은 바로 이 1950년대 후반부터 였다.

1956년에는 한국 최초의 패션쇼인 노라노 패션쇼가 반도호텔 다이내스티 룸에서 열렸다. 1956년 노라노 패션쇼에 이어 1957년 서수정 씨와 최경자씨가 반도호텔에서 각각 복장 작 품전을 열었으며, '여성계'외에도 여성잡지가 새로 발간되었다. 이러한 초창기 디자이너들 의 활동으로 한국 패션계는 빠른 속도로 발전해 나가게 되었다. 1950년대 후반에 들어서 이 름난 양장점이 자리를 잡았고, 1955년 최초로 디자이너라는 명칭을 사용하면서 공인된 노 라노, 최경자, 서수정, 서수연, 김경애 등의 디자이너가 활동하기 시작하였다.

전쟁 직후에도 그 이전과 마찬가지로 한복과 양장을 모두 입었다. 다만, 양장을 착용하는 수만 더 늘어났다. 사회 활동을 하는 여성들 사이에서도 여전히 개량한복이 착용되었으나, 점차 그 빈도가 줄어들었다. 그러나 대부분의 일반 여성들은 양장과 한복을 겸용하였고, 중 장년층에서는 여전히 한복을 고수하였다.

양장은 초기에 세계적인 추세를 따라 패드를 넣은 높은 어깨에 남성적인 스타일의 재킷과 타이트스커트의 밀리터리 스타일을 그대로 입었으나, 점차 여성적인 스타일로 바뀌어 갔고 외국의 유행에도 민감하였다. 특히 그 동안 전쟁으로 인해 소개되지 못했던 해외의 유행경

최경자의 패션쇼, 1954

향이 동시에 들어와 공존하였다.

1955년~1956년에 H라인, A라인이 상륙하였고, 1957년 가을과 1958년 봄 시즌에 발렌시아가와 지방시가 발표한 슈미즈 드레스와 색 드레스도 1958년 우리나라에 등장하였다. 한편, 1958년에 소개된 색 드레스는 허리선을 완전히 해방한 새로운 스타일이었다. 후반기에는 색 드레스의 지나친 유행에 대한 반향으로 하이 웨이스트의 엠파이어 라인이 소개되기도 하였다.

우리나라의 최초의 기성복은 학생들이 입던 교복이었다. 광복이 되자, 교복뿐만 아니라 아동복도 차츰 기성복으로 만들어 판매하였다. 그런데 재킷·셔츠·바지 등의 사이즈가 정확하지 않았으며, 광복 후에 1961년 전까지는 기성복 산업이란 영세성을 벗어나지 못하였다.

1950년대 후반에는 주문복 중심의 우리 복식이 외국 스타일의 직접적인 영향 앞에 개방되었다고 할 수 있다.

유행의 속도도 매우 빨라지고 양장화가 가속되었으나, 여전히 한복과 양장이 공존하는 가운데 여성 패션은 양장이 주도해 나갔다.

8) 1960년대 패션

1960년대는 1962년부터 실시한 경제개발 5개년 계획과 함께 근대화·산업화가 급속히 이루어진 시기로, 농업국에서 공업국으로 산업구조가 변화하였으며, 이는 사회·경제적 기회 변화에 대한 자발적 인구 이동을 가져와 대도시화를 촉진하였다. 또한 과학기술의 발달은 여성을 가사 노동에서 해방시켜 주었고 고등교육을 받은 여성이 증가함에 따라 직장 여성이 증가하였다. 대중매체의 성장과 보급은 서구 문화의 접촉 경로가 되었고, 이로 인하여 국민의 언어생활이나 의식주 등 외형적인 생활양식에 변화를 가져왔다. 한편, 1960년대는 한일회담 타결로 국교가 정상화하면서 일본의 문물과 사회풍조가 밀려들어 왔으며 사회 각 분야에서 미국 유학파들이 점차 세력을 형성하게 됨으로써 미국 문화가 한국인들의 사고방식과 생활양식에 상당한 영향력을 행사하게 되었다.

1960년대 중반 이후, 실생활에 편리한 양장이 보편화되면서 한복 역시 새롭게 변화한 생활양식에 맞도록 디자인을 개선하고, 소재 역시 저렴하면서 입기 편한 합성 섬유로 만든 개량한복이 만들어졌다.

한복에서 이미지를 따서 서양식 드레스 스타일로 디자인한 아리랑 드레스가 소개되기도 하였으나 사회적으로 인정받지 못하였으며 실패작으로 남게 되었다. 1955년 7월 8일, 정부는 남녀 모두 의무적으로 재건복(신생활복)을 입도록 하는 법안을 통과시켜 양장을 일상화하기에 이르렀다. 이는 활동을 간편하게 하고 손질하는 시간을 절약하는 경제적인 면을 고려한 것이었으나 역시 큰 호응을 얻지 못한 채로 사라져 버렸다.

1960년대에는 각 부문의 산업이 비약적으로 발전한 시기로서, 특히 섬유 산업은 급속한 발전을 이룩하면서 주요 수출 산업으로 발돋움하였다. 그리고 섬유 기술의 발전을 이룩하여 다양한 화학 섬유를 개발하면서 의복 스타일은 다양해지고 값이 저렴해졌다. 이러한 분위기는 기존의 맞춤식 양장 생활에서 값싼 기성복 시대로 전환하는 계기가 되었다.

경제 발전에 따라 사람들의 생활에 여유가 생기고 패션에 대한 관심이 높아졌으며, 대중 매체의 발달로 세계 패션을 동시에 받아들이게 되었다. 이 시기 텔레비전의 보급은 유행을 급속히 전파시켰으며 직업 모델이 처음으로 등장하기도 하였다. 이 무렵 서구에서는 전위 패션의 시대로 틴에이저들이 기존의 복식미에서 탈피하여 영 패션의 시대로 접어들고 있었다. 그러나 국내에서는 이러한 영 패션의 변혁이 바로 나타나지는 않았다.

1960년대에 들어서면서 튜블러 형의 오버코트와 색 드레스가 유행하였고, 통이 좁은 '맘보바지'가 유행하고 있었으나 1950년대의 부드러운 여성스러운 스타일은 퇴조하였으며, 스커트의 길이가 무릎길이의 샤넬라인으로 짧아지고, 프렌치 소매·세트인 소매·마드린 소매로 변화하였다. 그리고 테일러드 칼라·라운드 넥의 단조로운 디자인으로 몸의 곡선을 그대로 드러내는 실루엣이 주류를 이루었다. 코트는 A라인이나 튜블러 형의 H라인 실루엣이 많았다. 1960년대 중반까지 색 드레스가 계속 유행하여 전체적으로 여유 있는 실루엣을 이루었고, 스커트는 무릎선 A라인 스커트로 변했다. 그리고 색 드레스와 함께 나타난 박스형의 점퍼스커트는 개성에 따른 다양한 패션 시대로의 계기를 만들었다. 또한, 비비드 칼라의 꽃무늬를 프린트한 면직물의 A라인 원피스, 즉 하와이안 풍이 유행하였다.

니스커트가 처음 국내에 소개된 것은 1967년이었으나, 실제론 센세이션을 일으킨 것은 윤복희가 미국에서 미니스커트를 입고 귀국하면서였다. 충격과 웃음거리가 되었던 미니스커트는 젊은 여성들 사이에서 유행하면서 점점 짧아졌고, 결국에는 풍속사범 단속대상이 되었다. 1973년 3월에는 무릎 위 17cm 이상 올라가는 미니스커트를 과다노출로 규정하여 경범죄처벌법에 포함시켰는데, 스커트 길이가 무릎 위 몇cm인가를 단속원이 자로 재기도 하였다. 1960년대 예술계에 미니멀리즘이 나타남에 따라 미니스커트가 유행하였으며, 파리에서 발표한 미니스커트가 우리나라에 상륙하기까지는 2년 정도 걸렸는데, 바로 대중화되지는 않았고 1968년이 되어서야 대대적으로 유행하였다. 미니스커트는 다리가 짧고 굵은 동양 여성에게는 어울리지 않는다고 하였으나, 1970년대 초에는 무릎 위 20cm 정도의 초미

1960년대 여성 복식, 미니스커트

1960년대 여성 복식, 핫팬츠와 판탈롱 바지

니스커트, 마이크로 미니스커트가 인기의 절정을 이루었다. 1969년에는 이러한 미니에 반발하여 미디와 맥시가 나타났으나, 얼마가지 않아 사라지게 되었다.

1960년대는 전체적으로 몸의 곡선을 자연스럽게 드러내는 A라인 실루엣이 주류를 이루었다. 1969년경에는 팝 아트나 옵아트의 영향으로 기하학적인 문양의 프린트나 강렬한 색채 또는 대담한 선의 절개를 보이기도 하였다. 미니스커트의 유행으로 1968년 가을부터 판탈롱이라 불리는 테일러드 팬츠슈트가 등장하였다. 이것은 1970년대 중반기에 들어 대중화함에 따라 바짓단이 점점 넓어지면서 유행하였다. 1970년 가을부터는 맥시와 미디도 등장하였지만, 일반화하지는 못하였다. 또한, 1970년대 말까지 장발 유행이 청소년의 비행문제로 야기되었다.

한편, 1960년대는 디자이너라는 직업이 새로운 분야의 전문직으로 뚜렷이 인식되면서 새세대의 젊은 디자이너들이 명동을 중심으로 대거 진출하였다. 또한 새로 등장한 앙드레 김, 박윤정, 한계석, 조세핀 조 등의 제2세대 디자이너들은 명동의 패션가 정착에 일조하였다. 그리고 양장점이 중심이 되어 소위 '작품 발표회'라고 할 패션쇼도 가끔 개최하였다. 또한, 1968년 최초의 패션 전문지인 '의상'이 창간됨으로써 패션 잡지의 기수 역할을 담당하였다.

1960년대 전반적인 특징은 여성의 사회진출 증가와 함께 양장이 활발히 보급·정착된 시기로 디자이너들의 활동이 활발하였다. 특히 외국에서 활동하다 돌아온 디자이너들이 각종 패션쇼·전시회·발표회를 통해 해외 스타일을 소개하고, 우리나라 양장 유행에 일조했다는 점이 이 시대의 특징이다.

또한 최초로 국내에서 국제 패션쇼가 열리고, 이어 한일 친선 패션쇼가 열렸으며, 그리고 대한복식디자이너협회 주최로 국내 최초의 기성복 쇼가 열렸다.

9) 1970년대의 복식 변화

1970년대는 국제적으로 제1차 오일쇼크라 부르는 1973년의 전 세계적 경제 위기로 이어졌다. 하지만 우리나라는 제3차 경제개발 5개년 계획(1972~1976)으로 중화학 공업화를 추진하여 안정적 균형을 이루었다. 1970년대 우리 사회의 경제적인 발전은 이와는 별도로 다양하게 분화하는 양상을 보여 준다. 문화적으로는 통기타와 청바지로 상징되는 청년문화가 전체 사회 문화에 큰 영향력을 가지고 전개되었고, 청년들을 중심으로 전통문화에 대한 탐구와 보존 전수에 대한 진지하고 조직적인 작업이 전개되었다.

1970년대에 접어들면서 패션업계는 1960년대에 축적한 다자인의 내적 역량과 섬유 생산 기술 및 인적 자원을 바탕으로 산업화를 추진하였다. 1970년대 초부터 양장점 형태가 소규모 부티크, 소위 '살롱' 형태로 바뀌면서 패션계가 활기를 띠기 시작하였다. 따라서 당시까지 서구 패션의 모방에만 급급하던 우리 패션계는 이를 탈피하고자 많은 시행착오를 거듭하며 한국 패션 산업의 부흥을 위해 정진하였다. 디자이너 이신우, 진태옥, 미세스 고, 트로아조, 강숙희, 앙드레 김 등이 두각을 나타내었다.

1965년 'Dandy'를 시작으로 하여 1970년대에 들어서면서 대기업이 본격적으로 기성복 산업에 참여하게 되었으며, 대량생산을 기초로 한 대기업 형의 본격적인 기성복 생산은 1972년에서야 이루어졌는데, 1972년 화신의 레나운·1974년 반도 패션·1977년 코오롱 벨라·제일모직·라보떼 등 대기업이 참여하면서 기성복 산업의 기틀을 마련하였다. 그 때까지 기성복에 별 관심을 보이지 않던 소비자들은 대기업의 체계적 운영으로 인해 제품이 보다 고급화되어 가면서 기성복에 대한 인식이 좋아졌고, 대형 기성복 매장이 등장하면서 기성복 착용이 대중화하였다.

이 시대에는 화학 섬유공업이 급성장하여 제품 생산이 다양화하였고, 특히 나일론의 비중이 저하하고 폴리에스테르가 주종상품으로 대두하였다. 우리나라는 화학 섬유업계의 도약으로 세계 굴지의 의류품 수출국으로 발전하였다.

한편, 남녀 교육의 평준화와 여성들의 취업을 통한 사회적 진출 확산으로 남녀의 역할이 비슷해졌으며, 이에 따라 복식에서도 남녀의 구분이 모호한 경향이 나타났다. 여성들은 남성과 동일한 스타일의 청바지와 캐주얼웨어나 테일러드슈트 등을 착용하였는데, 이러한 남녀를 구분하기 모호한 유니섹스 패션은 새로운 현대 패션으로 인식되었다. 청바지가 보급되어 남녀 구분 없이 애용되었으며, 티셔츠와 함께 젊은이들의 상징이 되었다.

1970년대 초에는 텐트 룩 반코트에 판탈롱이 소개되었으며, 사회적으로 물의를 일으킨 '핫팬츠'가 유행하였다. 일본에서 이미 유행했던 핫팬츠는 우리나라에서는 디자이너 최경자가 소개하였다. 핫팬츠는 미니스커트와는 달리, 상륙한 지 1년도 못 되어 인기를 잃고 사라지게 되었다. 1970년대에도 스커트는 미니스커트의 열풍이 가라앉지 않고 오히려 미니스커트를 중심으로 맥시와 미디가 새로 등장하였다. 그러나 미디나 맥시는 미니 스타일처럼 선풍적인 인기는 얻지 못하였고 대중들의 관심에서 멀어져갔으며, 그 이후 스커트 길이에 상관없이 개성적인 분위기를 중시하는 분위기에 관심을 두었다.1973년에는 1940년대의 복고풍의 샤넬라인이 주류를 이루었고, 주름 스커트나 플레어스커트가 애용되었다. 또한, 실용성을 추구하는 시대의 흐름이 반영되어 스커트의 길이는 미디·맥시의 중간인 미모레가 등장하였고, 이후에 한동안 유행하던 플리츠스커트는 쇠퇴하고 타이트나 H라인 스커트가 유행하였다. 또한, 1970년대 중반에는 미니스커트는 거의 자취를 감추고 종아리를 덮는 미디의 여유 있는 실루엣이 주류를 이루며, 1970년대 후반에는 베트남 전쟁의 영향으로 긴 월남치마가 유행하였다. 1976년에는 여성들 사이에서 청바지와 캐주얼웨어 이외에 전형적인 남성복 스타일의 테일러드슈트와 드레스 셔츠가 유행한 반면, 남성들은 셔츠 칼라를 재킷 밖으로 내놓고 스카프를 두르는 등 유니섹스 룩이 두드러졌다. 의복 소재에 있어서도 남성들이 주로 사용해 온 줄무늬 옷감을 여성들의 테일러드슈트와 원피스에 사용하였으며, 1977년에는 어깨 패드를 강조하고 바지폭을 좁힌, 보다 정장 스타일의 테일러드슈트가 유행하여 복식의 남녀 차이를 모호하게 만들었다. 또한, 여성복으로 팬츠 슈트가 많이 착용되었는데, 특히 초반에는 판탈롱 바지가 유행하여 바지 무릎부터 부리까지 점진적으로 폭이 넓어지는 일명 '나팔바지'로 불리는 스타일이 선호되었다. 판탈롱은 당시 여대생은 물론이거니와, 일반 직장 여성들에게까지 대단히 유행하여 1970년대 중반기 패션을 주도하는 스타일이 되었다.

이 시기에는 옷을 겹쳐 입는 레이어드 룩이 유행하기도 하였다. 개인에 따라 독특한 취향의 스타일로 눈길을 끌었으며, 특히 록 가수들이 즐겨 입었고 나중에는 히피족이나 집시 및 펑크 패션으로 발전하였다.

그 밖에도 샤넬라인, 미니, 판탈롱, 맥시, 미디 등 다양한 길이가 공존하여 미니스커트와 함께 롱부츠도 많이 신었다. 그 후 바지의 길이가 조금씩 길어지고 무릎길이의 반바지, 즉 큐롯이 등장하였다. 1970년대 중반에는 판탈롱이 쇠퇴하고 일자바지인 스트레이트 스타일을 주로 착용하였다.

1970년대에는 또한 청바지로 대표되는 미국 스타일이 유행하였다. 서구에서는 1960년대에 베이비 붐(baby boom) 세대들이 등장했던 것에 비하여 한국에서는 전란으로 인하여 1970년대에 들어서야 영 파워(young power)가 형성되었다. 우리나라에 청바지가 도입된 것은 1950년대로, 이때에는 불량한 이미지로 인식되어 금기시 하였으나, 1970년대에는 유신과 독재정부에 강력하게 반발하는 젊은이들의 상징이 되기도 하였고, 기성세대에 저항하는 젊은이들을 대변하는 것이기도 하였다.

심지어 어린이와 중년층까지 착용하게 되어 청바지의 전성기라고 일컬어졌다. 그 반면, 몸에 꼭 밀착되거나 바짓단이 너덜너덜한 청바지를 입고 염색을 퇴색시키고 돌로 문질러 일부러 흠집을 낸, 바지가랑이가 넓은 청바지로 땅을 쓸고 다니는 듯한 젊은이들의 모습에 한탄하는 기성세대도 많았다.

한편, 생활 스타일의 변화로 캐주얼의 착용이 늘어나고 니트가 각광을 받게 되었고, 실크 니트가 소개되었는데, 상의는 짧아지고 하의는 일자바지, 꼭 맞는 히프에 허리 부분은 헐렁한 스타일이 유행의 주류를 이루었다. 이는 아름다운 신체 라인을 강조하는 세계 패션 경향

1970년대 진 판탈롱 팬츠

으로, 약간 풍성하면서 실루엣 중심으로 전개되는 패션들이 주류를 이루었다.

또한, 1975년에는 오일 쇼크의 영향으로 실용적이면서도 다용도로 이용할 수 있는 의상이 환영받았으며, 빅 룩이 관심을 끌었다.

여성들의 사회활동에 편리한 진취적이고 간편한 스타일의 박스형의 튜브라인과 H라인이 인기를 끌었고 X라인도 등장하였으며, 편안하고 여유 있는 드레이프·개더·플레이어·레이어링으로 편안함과 활동성을 강조한 여유 있는 스타일이 유행하였다.

재킷은 패드로 숄더를 강조하였고 길이는 좁고 길었으며, 바지는 플레어 스타일이 쇠퇴하고 스트레이트 스타일을 주로 착용하였다. 스커트는 미디와 샤넬라인에 A라인과 플레어, 개더 등으로 여유를 넣고, 원피스는 크고 여유 있는 스트레이트 실루엣으로 절개선을 넣거나 허리를 끈으로 묶는 형태가 많았다.

10) 1980년대

1980년대는 경제·문화적으로 많은 변화가 이루어진 시기이며, 전두환 정권에 의한 제5공화국이 출범하였다. 특히 1980년대는 국제적인 행사를 계속 개최하여 세계 속에서 한국의 위상이 확고해진 시기이며, 한국의 대중문화가 세계적으로 인식되는 계기가 된 시점이라 할 수 있다.

경제적으로 고도 성장기가 계속됨에 따라 고도의 감성적인 소비가 촉구되었고, 이에 따라 소비자의 기호와 감성에 호소하는 디자인을 추구하였다. 이 시기는 매스미디어의 발달로 세계 각국의 문화수용이 가능해지고 새로운 디자이너들이 많이 등장함으로써 패션 경향의 역사적인 요소, 민속적인 요소, 인간과 자연의 상징적인 요소 등을 다원적이면서도 절충적으로 도입하는 특징을 보인다.

1980년대 초에 컬러 텔레비전의 등장으로 색에 대한 중요성이 대중매체를 타고 더욱 확산되었으며, 유행의 흐름 또한 하루가 다르게 창조되어 일반인들도 손쉽게 모방할 수 있었다. 개성은 더욱 강조되었고 서구형의 미의 기준이 등장하였으며, 신디 크로포드나 나오미 캠벨 같은 근육질의 여성 모델들이 강한 이미지의 건강미를 표현하였다.

당시까지 한국 패션 산업은 독창적인 디자인의 창조보다는 서구 패션을 단순히 모방해 왔으나, 이 시기에는 한국 패션도 한국생활과 의식에 맞는 독자적인 패션의 정립을 요구하기 시작하였다.

1980년대에는 여성의 사회적 지위가 향상되고, 남녀평등이 중요한 사회적 이슈가 되면서 여성복의 남성화가 보다 본격적으로 이루어졌다. 이전부터 유니섹스 스타일이 등장하여 남성복의 특징을 여성복으로 전환한 경우가 많았으나, 1980년대에는 특히 남성복 정장이 여성의 비즈니스 패션으로 대중화되었다. 이는 넓고 각진 어깨와 과장된 실루엣을 통하여 여성의 사회적 지위와 능력을 확립하려는 시도였다.

1980년대의 여성복식은 인체의 굴곡을 낭만적으로 강조하는 복고풍의 경향, 즉 어깨는 패드를 넣어 넓게 하고 허리는 가늘게 졸라매는 X, Y형의 실루엣이 유행하였다. 소매 끝·바지 끝·스커트 끝을 좁게 하는 것이 특징으로, 스커트는 타이트 및 주름치마로 샤넬라인 길이였다.

그러나 경제 불황 속에서 패션에 실용화 바람이 불었으며, 기성복 시장에 정장보다 값싸고 간편하게 입을 수 있는 티셔츠 등 캐주얼웨어 쪽의 판매비중이 높아지고, 유행을 타지 않는 실용적인 의복이 인기를 얻었다. 또한, 개성을 존중하는 시대가 되어 다양한 스타일이 공존하였는데, 특히 1970년대 이미 서구 유럽에서 선풍적인 인기를 모았던 캐주얼 패션이 강한 주목을 받으며 유행하였다.

어느 장소에서나 무난히 소화할 수 있는 스타일이 등장하여 젊은이들에게 인기를 끌었고, 작업복으로 입던 청바지를 중심으로 여러 벌의 옷을 겹쳐 입는 새로운 디자인 개념의 '레이

1980년대 여성 복식 스타일

어드 룩(layered look)'이 등장하였다. 또한, 서구 패션의 영향으로 7부 바지가 유행하기 시작하였으며, 의복의 색상도 다양해지고 대담해졌으며 바지와 스커트의 길이가 짧아졌다. 일명 디스코 바지라고 불리는 폭이 좁은 바지가 유행하였으며, 1983년도에는 15년 만에 미니스커트가 부활하였으나 예전처럼 미니스커트가 독점하는 것이 아니었으며, 미니바지 또는 미니스커트 등과 미디와 맥시 등이 공존하는 경향이었다.

이전에는 어울리지 않는다고 생각했던 청바지와 점퍼에 하이힐을 신고 셔츠와 베스트 또는 재킷이나 바지에 스커트를 갖춰 입는 남성적인 멋을 낸 새로운 스타일이 유행하였다. 1985년에는 인체 선을 그대로 드러내는 여성스러운 스타일과 부드럽고 편안한 스타일이 함께 유행하였는데, 색상과 디자인이 보다 화려해졌다.

1984년 말부터 앤드로지너스 룩(androgynous look)이 등장하기 시작하였다. 앤드로지너스의 의미는 '자웅동체' 또는 '양성공유'란 뜻으로, 여성과 남성이 가지고 있는 특성을 부정하지 않고, 여성이 남성의 복식을 착용하고, 반대로 남성이 여성의 복식을 착용함으로써 여성적인 것과 남성적인 것을 교차(cross over)시켜서 아름다움을 표현한 것이다.

1980년대 중반 복고의 유행으로 여성스러움을 살리는 곡선미 강조는 고전적이면서 여성적인 리본이나 레이스 등의 장식이 많이 등장하게 하였다. 1980년대 말에는 A, H라인 등 여러 스타일이 공존하였다. 스커트의 길이는 대체로 무릎선의 길이가 일반적이었고 꽃무늬 체크무늬가 유행하였으며, 상의는 밀착하면서 스커트 아래가 퍼지는 피트 앤드 플레어 라인의 실루엣이 주류를 이루었다.

또한, 1980년대는 일본의 디자이너들이 세계적으로 크게 영향력을 주는 시기였다. 배기(baggy) 스타일, 헐렁하게 걸쳐 입은 무채색의 패션, 남성복 스타일의 과장된 어깨, 언밸런스한 옷 길이 등은 일본풍의 영향이었다. 이세이 미야케와 요지 야마모토, 그리고 레이 가와쿠보 등이 일본 패션계를 대표하는 세계적 디자이너로 명성을 날렸다.

한국에서도 이러한 빅 룩, 레이어드 룩의 영향으로 드롭 숄더나 패딩을 많이 한 라글란 소매에 어깨를 강조한 것이 강세를 보였다. 이는 중반기까지 계속되었으며, 재킷 스타일의 하프 코트가 유행하였다.

한편, 1983년 교복 자율화를 계기로 청소년 캐주얼 시장이 확대되었다. 이랜드는 청소년이라는 틈새시장을 타겟으로 하여 고품질과 적절한 가격 시행으로 국내 10대 패션의 대중화를 이루었다. 그 밖에도 청소년들이 교복을 대신할 수 있도록 '나이키'나 '프로스펙스' 등 운동화를 전문으로 생산하던 회사들은 스포츠 캐주얼 의류를 생산하여 새로운 캐주얼 시장에 도전하였다.

11) 1990년-21세기 현재의 복식 변화

1990년대는 문화적으로 복고와 세기말적 정서가 지배적인 가운데 테크놀로지와 에콜로지가 혼용된 양상을 보였다. 1990년대 시기적인 특징으로는 20세기를 총체적으로 정리하는 기간으로 한국근대사의 성과가 결집되어 나타난 시기라 할 수 있다.

1990년대에 등장한 신세대는 그 전의 세대이론으로는 설명할 수 없는 배경을 가지고 태어났다. 세대 간의 문제는 경제·사회적 갈등과 대립의 양상을 띠었으며, 세대 간 갈등의 주된 요소는 문화적 양식에 대한 인식 차이였다. 신세대는 막힘없는 소비와 개인적 취향의 추구, 탈권위를 지향하는 가치관과 감성을 소유하고 있으며, 1990년대 대중문화의 주류를 차지하고 있었다. 또한, 미디어와 영상 체험을 일상화한 정보화 사회의 선도 세대로서, 개성 표현에 중점을 둔 상품화 전략으로 마케팅의 집중적인 공략 대상이 되었으며, 스스로 태어난 것이 아니라 상업적으로 조성된 세대라는 평가도 듣고 있다.

압구정동을 중심으로 오렌지족·껑깡족·야타족·미씨족 등의 새로운 부류가 생겨났고, 그것이 1990년대 전반기의 젊은이들을 지칭하는 특별한 어휘로 굳어졌다. 성인 남성 캐주얼이 '워모족'에 의해 나타나듯이 성인 여성의 캐주얼 의복은 '미씨족'에 의해 표현되었다. 젊은 세대를 지칭하는 신조어는 해마다 새롭게 탄생하였는데 X세대와 N세대에 이어서 2001년의 초반 젊은이들의 라이프 스타일은 'L-generation'이라는 신조어까지 만들어내며 급속히 확산되었다. 'Luxury Generation'을 뜻하는 이 말은 명품족 혹은 명품 마니아를 지칭한다. 'L-generation'은 명품 수입 브랜드 제품으로 자신을 장식함으로써 자신의 가치를 높이고 상류층에 소속된 만족감을 느끼려는 부류들이다. 과거 어른들을 중심으로 유행했던 '명품 신드롬'이나 '귀족 신드롬'이 이제는 세대 구분 없이 불고 있는 것이다.

대중문화는 10대를 위한 것으로 바뀌었으며 1990년의 문화를 논함에 있어 절대 빠질 수 없는 것은 가요계의 우상으로 지칭되는 바로 '서태지'이다. 서태지의 등장과 함께 스타마케팅이 본격화되었는데 패션계는 온통 서태지의 일거수일투족을 감시하듯, 1990년대 패션 흐름이 서태지 자체라고 해도 과언이 아닐 정도로 그 당시 서태지가 패션계에 미친 영향은 컸다.

각종 매체에서 N세대라는 말을 쓰기 시작하였는데, 이는 21세기를 맞이하면서 새롭게 시작한다는 의미로, 무정형의 사이버 공간에 대한 관심이 많은 젊은 세대들을 지칭하는 용어로서, 이들은 '개성'을 중시하여, 항상 남들과 다른, 소위'튀는 것'을 추구한다.

과거에는 디오르 룩(40'S)·햅번 룩(50, 60'S)·미니스커트(70'S) 등의 뚜렷한 패션 트렌드가 존재했지만, 1990년대에 들어서며 각각 다른 소비자들의 라이프 스타일에 맞춘 다양한 유행 경향을 보이더니, 21세기에 들어서는 유행의 의미가 점점 희미해졌다. 하지만 1990년대 가장 선전한 패션 분야를 꼽으라면 단연 유니섹스 캐주얼 시장이다.

생활이 윤택해지면서 여가 시간이 늘어나고 캐주얼웨어 선호도가 높아졌다. 또한, 패션이 복고풍으로 돌아가서 스커트 길이가 미니로 짧아졌고 메이크업에서의 키포인트는 내추럴·소프트·라이트라는 단어로 집약되며, 여성들의 의식은 자유롭고 여유 있는 생활을 추구하는 태도로 변모했다.

1980년대 수입자율화로 인해 일반인들의 수입 브랜드에 대한 인지도가 급속도로 높아졌고, 특히 외제 고급 브랜드 의류 제품은 거대한 시장을 형성하였다. 또한, 캐주얼의 경우에도 1980년대에는 10대를 겨냥한 저가 상표들을 제시하였으나, 강력한 구매능력을 가진 청소년들은 보다 다양하고 신선한 해외 감각을 요구하기 시작했다. 고가의 수입 완제품이 각광을 받는 한편, 미국·유럽·일본 등의 선진국에서 상시염가판매(Everyday Low Price : ELP)가 유통계를 석권하면서 국내에도 1990년대 중반 디스카운트 스토어가 확산되기 시작하였다. 이러한 할인점이 인기를 끌기 시작한 이유는 무엇보다도 일반 소비자들의 의식변화 때문으로, 경기부진에 의한 실용구매와 함께 소비자들의 안목 향상으로 인해 가격은 저렴하면서도 우수한 상품을 원하게 된 것이다.

1990년대 여름에는 젊은 여성들의 '배꼽 티'가 캠퍼스와 주변 거리에까지 등장하여 대학생들 사이에서도 과다노출이라 하여 상당한 논란을 일으킨바 있다. 또한 기존 세대들에게는 미국 슬럼가 흑인들의 옷차림으로 낙인찍힌 힙합 패션이 1990년대 들어 전 세계 청소년층에 유행했다. 국내에서도 '서태지와 아이들'이 힙합 패션을 들여온 것을 시작으로 하여 우상에 대한 모방심리 및 반항의식 또는 집단의 동조 의식과 부합한 힙합유행이 급속도로 번져나갔다. 1990년대에 들어서 청소년의 스트리트 패션으로 시작하여 디자이너에 의한 하이패션에 이르기까지 '밀리터리 룩'이 유행하기도 하였다. 이는 네오 히피 룩의 복고와 함께 걸프전과 같은 국지전이 시작되면서 군복 모드가 다시 유행의 주제가 되어 패션 디자이너의 패션 트렌드를 비롯하여 거리 패션에 이르기까지 밀리터리 룩의 선풍을 일으키게 된 것이다. 1990년대의 밀리터리 룩은 저항적 특성보다는 하나의 패션 트렌드로, 여성적인 모던함을 느끼게 하는 밀리터리 룩으로 유행하였다.

포스트모더니즘 이후 유행은 고정된 어떤 하나의 형태에 머물지 않으며 21세기 한국 패션 역시 지배적인 스타일보다는 개성에 따라 다양한 스타일이 유행하고 있다.

3. 21세기 패션

21세기 현대 패션을 이해하기 위해서는 2000년 이후 세계 정치, 경제, 사회, 문화, 예술의 흐름이 어떻게 변화되어 왔는지, 그리고 현재 진행되고 있는 각 분야의 다양한 변화를 함께 파악해야 한다. 21세기 패션의 특징이라 하면 20세기에서 21세기로 넘어가는 세기말부터 이어져온 패션의 경향들과 패션의 글로벌리즘과 다원화, 다양한 라이프 스타일과 소비자 집단의 출현, 기술과 미디어의 급진적 발전과 이를 반영한 패션, 패스트 패션의 유행, 웰빙 추구와 슬로우 패션의 출현 등을 들 수 있다. 기술의 발전에 따라 최첨단 직물의 개발과 함께 모드의 외관이 미래적으로 바뀌어가고 있으며 미적인 면뿐만 아니라 기능적인 면에서도 뛰어난 미래 지향적 패션이 진보적인 과학기술의 발전을 통해 선보여지고 있다.

Hussein Chalayan, 2007.

21세기는 문화가 '국력'인 시대로 전 세계는 자국의 문화를 바탕으로 경쟁적인 문화 마케팅의 시대를 펼쳐 나가고 있다. 서구 문화가 주도적으로 이끌어 왔던 세계패션 시장은 20세기 포스트모더니즘 시대를 시작으로 그동안 소외되어 왔던 비서구 문화권에 눈길을 돌리고 있으며 서구 문화에 비서구 문화 요소들을 절충한 패션을 양산해 오고 있다. 세계는 문화와 역사의 무경계, 탈범주화가 시작되어 국경 없는 지구촌이 되었으며 문화의 보편성, 특수성, 다양성, 통합성이 강조되고 있다. 중국, 일본, 한국 등 동아시아 문화권은 세계문화의 관심으로 등장한 지 오래며 이 가운데 '한류' 역시 세계문화의 한 중심에 서 있다.

● '히자비스타(hijabista)'의 탄생

몇 년 전만 해도 패션업계가 가장 주목한 시장은 중국과 러시아였지만 최근에는 무슬림이 패션업계의 매력적인 고객이 되었다. 전 세계 인구의 25%를 차지하는 17억 무슬림 인구는 지금도 늘고 있다. 젊은 세대가 늘고 이전보다 자유로운 복장을 입기 시작하면서 무슬림이 패션 시장에 미치는 영향은 더욱 커졌다. 초고가 명품부터 중저가 브랜드까지 이들을 위한 옷을 선보이며 이슬람 시장을 잡기 위해 노력하고 있다. 세계 인구 변동에 따라 패션 시장도 변화하고 있는 것이다.

미국의 경제잡지 '포춘(Fortune)'은 2015년 7월 런던패션대 레이나 루이스 교수를 인용해 미개발된 미래의 최대 시장으로 무슬림 여성을 꼽으며 지금까지 무슬림을 대상으로 한 비즈니스가 금융과 할랄식품(이슬람 율법에 따라 무슬림이 먹을 수 있는 식품)에 집중되어 있었지만 무슬림 시장에서 무한한 가능성을 가진 것은 바로 패션이라고 보도했다. Dolce & Gabbana, DKNY, Tommy Hilfiger, Mango, H&M, Uniqlo 등 수많은 글로벌 브랜드들이 무슬림 컬렉션을 선보이고 있다.

Dolce & Gabbana for Muslim Women

H&M for Muslim

● 젠더리스(genderless) 경향의 가속화

21세기 패션의 특징 중 하나는 이전 시대부터 이어지던 젠더리스(Genderless·성의 구별이 없는) 경향의 가속화로, 패션 분야에서 남녀 구별은 더욱 무의미해지고 있으며 이러한 흐름 속에 패션계도 발 빠르게 변화하고 있다.

젠더리스(genderless) 룩은 남녀 모두 성과 연령의 구분을 파괴한 옷을 입는 것을 말한다. 1900년을 전후하여 여성 패션에 이미 남성복의 요소가 도입되기 시작했고, 1920년대 코코 샤넬은 당시 통념을 깨고 남성복에서 많은 요소를 차용하여 여성복에 선보였다. 1960년대 중반부터는 남성 패션에 여성복의 경향이 나타났으며, 1970년대 유행하던 유니섹스 모드는 1980년대 여성 해방운동과 성 역할의 변화, 새로운 의식 구조, 포스트모더니즘의 유행 등 다양한 요인으로 인해 나타난 성의 혁명에 따라 앤드로지너스 룩(androgynous look)으로 이어진다. 여성이 남성복을 입거나 남성이 여성복을 입어 성 개념을 초월한 옷차림을 앤드로지너스 룩이라 하는데 그리스어에서 유래한 '앤드로지너스'는 남자를 뜻하는 '앤드로스(andros)', 여자를 뜻하는 '지나케아(gynacea)'가 합쳐진 말로 남성성과 여성성을 모두 소유한 양성성을 의미한다. 앤드로지너스 룩은 1990년대 성의 구별이 없는, 중성적인 젠더리스(genderless) 룩으로 이어지며, 이 용어는 1990년대 국제적으로 성별을 지칭하는 용어로 권장되고 있는 젠더(gender)에서 파생되었다. 젠더리스 룩은 남성성과 여성성을 하나로 통합시켜 성(性)의 개념을 초월하고 휴머니즘(humanism)을 강조한, 중성성을 표현한 패션이다.

Gucci, 2017 F/W Women RTW, Milan

이탈리아 밀라노 패션 위크 '구찌(Gucci)' 2017년 F/W 컬렉션은 기존 남성복과 여성복으로 분리되던 컬렉션을 하나로 합쳐 '다양성과 통합'을 주된 내용으로 삼았다. 단지 컬렉션만 합친 것이 아니라 전통적으로 선보여 오던 룩에서 탈피해 특정성별을 위한 옷이 아닌 성에 대한 고정관념을 뛰어 넘어 패션의 양성적 태도를 견지한다. 러플과 레이스, 여성복 특유의 라인 등이 남성복에 적극 활용되고 있다.

마크 제이콥스는 '치마 입는 남자'로 유명해지기도 했으며 루이 비통 광고에서도 치마를 입은 배우 윌 스미스의 아들 제이든 스미스가 등장하기도 하였다. 최근 들어 한국에서도 핑크 셔츠를 입은 남자들이나 빅 사이즈의 오버 코트에 굽이 낮은 로퍼를 신은 여자들을 쉽게 찾아볼 수 있다. 영국 유명 백화점 '셀프리지(Selfridges)'는 젠더 뉴트럴(Gender Neutral) 섹션을 만들었으며 SPA브랜드 자라나 유니클로에서도 언젠더드(Ungendered) 패션이나 젠더리스 패션을 선보이기 시작했다.

21세기 현재, 젠더리스 패션의 매출은 날로 증가하고 있다.

- ● Slow Fashion, Sustainable Fashion

불황이 지속되는 저성장 시대, 연결이 다변화되는 옴니 시대를 살고 있는 사람들은 불안으로부터 탈피하고자 안정과 건강을 찾고 있다. 이에 따라 십 수 년 전부터 웰빙(well-being), 힐링(healing)이라는 용어가 라이프스타일을 대변하는 단어로 주목받기 시작하더니 최근에는 킨포크 라이프(kinfolk life ; 미국 포틀랜드의 라이프스타일 잡지인 〈킨포크〉로부터 영향을 받아, 자연 친화적이고 건강한 생활양식을 추구하는 사회현상), 웰빙(well-being)과 헬스(health)의 개념을 융합한 웰스(wellth), '힐링(healing)'과 '웰빙(well-being)'의 합성어로 치유를 통한 건강한 삶을 의미하는 힐빙(heal-being) 등의 삶을 추구하고 있다. 네덜란드의 디자이너 하름 렌싱크(Harm Rensink)는 Wellness가 하나의 비즈니스가 되고 있다고 했고, 컨설팅 업체 마인드바디그린(Mind Body Green)의 제이슨 와코브(Jason Wachob)는 이제 'Wealth'-물질이 주가 되는 시대가 아닌 내적, 외적 건강을 중심으로 하는 'Wellth'의 시대가 되었다고 정의하기도 하였다.

또한 디지털 시대를 살고 있는 우리는 인터넷과 업무에 필요한 각종 디지털 기기만 있으면 시간과 장소에 구애받지 않고 일할 수 있게 되었다. 디지털 장비를 활용하여 과거 유목민(normad)처럼 자유롭게 이동하면서 정보를 끊임없이 활용하며 창조하는, 디지털 시대를 대표하는 사람들을 신 유목민, 디지털 노마드(Digital Normad)라 칭하며, 이를 통해 노마드적 삶이 주목받기도 하였다. 프랑스 사회학자 자크 아탈리가 그의 저서 〈21세기 사전〉에서 '21세기는 디지털 장비를 갖고 떠도는 디지털 노마드의 시대'라고 규정하면서 본격적으로 그 용어가 사용되기 시작하였다.

이와 같이 우리들의 삶은 가치지향적, 미래지향적 라이프 스타일로 변화하고 있다. 소비에 있어서도 새로운 패러다임으로 환경 친화적 상품에 대한 소비의식이 증가하고 있으며 환경, 사회, 작업환경, 제품 등의 Quality가 강조되고 있다.

과거 거대한 양으로 거래가 되던 대량 생산의 시대에서는 모든 제품이 규격화되어 세계 어디에서나 같은 종류의 제품이 제공되었다. 패션에 있어서도 제품 처리량과 이익을 증가시키기 위한 경제적 도구로 값싸게, 쉽게, 빠른 속도로 생산되도록 디자인된 제품들은 낮은 비용, 저임금, 짧은 리드 타임, 효율적인 거대 생산량을 통해 최종 가격도 매우 저렴한 'Fast Fashion'이 인기를 얻었다.

그러나 최근에는 이에 대한 반발로 획일화된 대량 패션에 대한 근본적 대안책으로 'Slow Fashion', '지속가능한 패션'의 가치가 주목받고 있다. 소규모 생산, 전통적 제작 기술, 지역재료와 시장, 디자인 과정에 대한 확실한 인식과 자원의 흐름, 근로자, 공동체, 생태계에 미치는 영향 등을 강조하며 생태학적, 사회적 비용을 반영한다. 지속가능성(sustainability)에 대한 논의는 1980년대부터 시작되었다. 1987년 브룬트란트위원회(Brundtland Commission)가 지구의 자연자원이 현세대와 미래세대의 이익을 위하여 보호되어야 한다는 원칙을 제시하며 '지속가능한 개발'이라고 명시한 이래 지속가능성은 전 인류의 의제가 되었으며 패션에 있어서도 중요한 화두로 떠올랐다.

"지속가능성"이란?

지속가능성이란 미래세대가 필요로 하는 것을 저해하지 않으면서 현세대의 필요를 충족시키는 것으로 현 세대는 물론 다음 미래 세대에도 사람과 환경 모두에게 최선의 상태를 가져다 줄 수 있는 자연자원의 개발과 이용을 의미한다. 현대 패션에서 지속가능한 패션이란 어떤 제품에서 발생되는 폐기물을 회수하여 다른 종류의 제품으로 만들거나 에너지 제품으로 환원시키는 재생(reclamation), 형태를 바꾸지 않고 다시 사용하는 재사용(reuse) 등을 통해 지속가능성을 실현하는 패션을 의미한다.

현대 소비자들은 윤리적, 사회적으로 의식 있는 행동을 요구받고 있으며 패션 산업에서도 이와 같은 윤리적 소비에 대한 인식이 확대되며 윤리적 패션은 새로운 패션 트렌드가 되었다. 'Adidas'에서는 물 없이 염색한 '에코셔츠'를 내놓아 사용자가 옷을 입기만 해도 지구사랑을 실천할 수 있도록 하였으며 'Puma'는 낭비되거나 버려지는 제품들을 줄이고 환경을 살리고자 전세계 매장에서 '브링 미 백(Bring Me Back)' 캠페인과 함께 친환경 소재로 디자인된 '인사이클 컬렉션(Incycle-친환경 제품)'을 선보였다. 수거된 재활용 물건들은 원재료로 다시 사용되거나, 아직 사용 할 수 있는 제품들의 경우는 보완을 통해 재사용된다. 이와 같이 윤리적 패션 기업은 최근 옷을 재활용, 재사용하거나 만드는 제작 과정에서 환경오염을 최소화하며 노동의 가치를 존중하고, 비용의 사회화를 하지 않음으로써 패션의 사회적 책임을 다하고 있다.

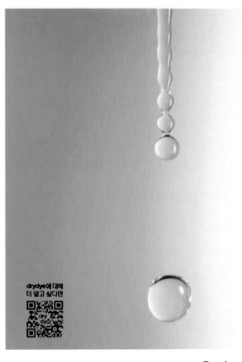

Drydye, Adidas

● 4차 산업혁명과 패션

현재 우리는 정보통신기술(ITC)의 융합으로 이루어지는 차세대 산업혁명인 4차 산업혁명 (Fourth Industrial Revolution)의 시대에 살고 있다. '4차 산업혁명'은 사회 각 분야에 새로운 변화의 바람을 불어 넣고 있으며 패션 분야에도 영향을 미치고 있다. 최근 여러 산업 분야에서 대두되고 있는 인공지능-AI(Artificial Intelligence), 3D 프린팅, 로봇기술, 생명과학 등 새로운 기술들은 모든 산업 분야에 근본적인 변화를 가져오고 있다.

Futurecraft 3D — Adidas

4차 산업혁명의 재료 과학 분야의 진보는 신소재를 이용한 패션 상품 제작을 가능하게 하였으며 예로 섬유 자체에 컴퓨터 시스템을 내장한 신소재는 주변 온도 변화에 따라 착용자의 체온을 저장하거나 조절할 수 있도록 해준다. 4차 산업혁명은 패션업계가 현재 마주하고 있는 대표적인 문제 중 하나인 천연 자원 고갈 문제를 바이오테크놀로지를 통해 해결하기도 한다. 또한 4차 산업혁명의 주요 기술인 3D 프린팅 기술을 이용해 디자인부터 생산까지 빠르게 상품을 만들어내는 것이 가능해졌으며 이미 아디다스(adidas), 나이키(Nike)와 같은 스포츠 브랜드들은 3D프린팅을 이용해 고객들의 발 사이즈에 딱 맞춘 신발을 제공하고 있다.

4차 산업혁명의 핵심 기술인 인공지능(A.I.) 역시 트렌드에 민감한 패션산업 분야에 효율적으로 적용되고 있다. 고객의 구매 내역, 소셜 미디어 상에서 이용자들이 언급하는 내용 분석 등 소비자 구매 결정의 기초가 되는 방대한 양의 빅데이터를 엄청난 속도로 처리하여 소비자들이 무엇을 원하는지 파악하여 패션 상품 기획자 및 디자이너들로 하여금 고객의 니즈(Needs)를 보다 정확하게 예측 가능하게 한다. 인공지능을 통해 기업들은 어떠한 상품이 가장 잘 팔릴 수 있는지, 특정 소비자가 원하는 제품이 무엇인지, 어떠한 트렌드가 지속될 것인지 등에 대한 정보와 함께 다양한 고객 데이터를 활용하여 공급과 수요를 조절할 수 있으며, 이를 통해 효율적인 재고 관리와 재고 관리 비용을 절감할 수 있다.

2016년 초 리바이스(Levi's)와 구글(Google)의 콜래보레이션으로 만들어진 재킷 'Project Jacquard'는 이동 중인 착용자가 간단한 터치만으로도 걸려오는 전화를 받거나 듣고 있던 음악의 종류를 바꿀 수 있는 등 스마트폰을 컨트롤 할 수 있는 혁신적 기능을 포함하고 있다. 이와 같이 4차 산업혁명의 최신 기술 혁신으로 이미 패션 기업과 테크놀로지 기업 사이에 수많은 파트너십이 체결되고 있으며 이렇게 다양한 혁신과 기술을 바탕으로 21세기 패션시장은 끊임없이 변화해가고 있다.

Jacquard by Google,
리바이스(Levi's) X 구글(Google) 컬래버레이션

Chapter 3.

패션과 명품

Chapter 3.

패션과 명품

"Some people think luxury is the opposite of poverty.
It is not. It is the opposite of vulgarity."

- Gabrielle Bonheur Chanel, 1883-1971 -

1. 명품이란 무엇일까?

명품(名品)은 무엇이고 어떻게 생겨난 것일까?

동서양을 막론하고 패션은 예로부터 왕족 혹은 귀족들의 신분 상징 수단으로 사용되어 왔으며 그들은 패션을 통해 그들의 사치스러운 생활을 표현하였다. 패션 명품 제국인 프랑스는 태양왕 루이 14세를 비롯하여 마담 퐁파두르, 마리 앙투아네트, 유제니 황후 등 궁정의 왕족을 비롯한 인물들과 그들의 옷을 제작한 패션 디자이너들을 통해 패션의 발전을 이뤘으며 그들의 패션은 프랑스 뿐 아니라 유럽, 나아가 미국에까지 영향력을 행사했다.

19세기 초반까지만 해도 서양 패션사에서 옷은 가내수공업 형태나 재단사로 불리는 장인들에 의해 직접 만들어졌다. 그러나 19세기 중엽 이후 산업혁명의 영향으로 기계화가 도입되어 기존의 수공예 제작 방식의 맞춤복에서 벗어나 기성복의 시대가 열렸으며 이것은 패션의 획기적인 발전을 이루는 계기가 되었다.

프랑스 최초의 디자이너로 역사에 이름을 남긴 마리 앙투아네트 전속 디자이너 로즈 베르탱(Rose Bertin, 1747~1813)이나 스스로 새로운 스타일을 창조하여 패션 디자인 분야를 예술의 경지로 끌어올린 유제니 황후의 쿠튀리에 찰스 프레드릭 워스(Charles Frederick Worth, 1825~1895)는 패션 명품 브랜드 탄생의 초석이 되었다고 볼 수 있다.

20세기 초반 여성 패션은 여러 패션 디자이너들에 의해 코르셋, 페티코트 등 인체를 억압하는 속옷을 입는 오랜 관습에서 벗어나게 되었으며 패션디자이너들은 자신의 이름을 딴 새로운 의상들을 선보이며 현대 패션 모드를 이끌어갔다. 여성복의 코르셋을 제거하며 현대 패션으로의 전환을 가져온 패션디자이너로 폴 푸아레(Paul Poiret)가 있다면, 파리를 패션의 중심지로 만든 것은 19세기 디자이너 찰스 프레데릭 워스(Charles Frederic Worth)의 역할이 컸다. 그는 최초로 패션쇼 형태의 컬렉션을 열었으며 당시 그가 운영하던 고급 맞춤 의상실은 20세기 초 파리에서 가장 유명한 의상실로 유럽에서 이름을 떨쳤다. 워스로 인해 당시 고객들의 요구에 의한 옷을 만들던 '재단사'들은 각자의 디자인의 독창성을 살린 '패션 디자이너'로 사회적 지위가 격상되었으며, 패션 디자이너들의 이름은 상표화 되었다. 유럽의 왕족이나 상류층 등을 대상으로 옷을 만들던 장인들과 패션디자이너들에 의해 패션 명품 브랜드가 탄생하게 된 것이다.

흔히 패션 명품이라 하면 'Hermes', 'Chanel', 'Louis Vuitton', 'Gucci', 'Tiffany' 등 값비싼 패션 브랜드들을 떠올릴 것이다. 가격과 관련하여 '최고가(最高價)'의 제품을 의미하기도 하는 명품은 그에 대응하는 영어로 '럭셔리(Luxury)'라는 용어가 주로 사용되는데 '럭셔리'의 뜻은 사치품, 호사품의 의미가 강하다. 사람들은 옷을 구매할 때 옷 자체가 아니라, 그 옷이 속한 브랜드가 갖고 있는 느낌, 정체성까지 사기를 원한다. 최근에는 이와 같이 브랜드가 나타내는 상징성을 소비하는 과시 소비 경향이 두드러지면서 패션 명품에 대한 선호가 계속적으로 증가하고 있다.

우리나라에서도 명품은 하나의 뛰어난 특별한 물품이 아니라 특정 브랜드를 의미하는 것으로 주로 사용되고 있다. 즉 장인정신이나 뛰어난 작품으로서의 의미보다는 고가의 브랜드로서의 의미가 강조되고 있는 것이다. 그러므로 명품이 가지는 물질주의적 가치뿐 아니라 사회문화적 의미를 파악하는 것이 필요하다.

2. 패션 명품의 특성

흔히 고가의 유명상표 상품을 의미하는 명품은 수십 년 전만해도 소수의 부유한 상류층들이 주로 이용하였으나 현재는 그 대상이 점차 확산되어 연령, 소득수준에 관계없이 대다수의 일반 소비자들에게까지도 확산되어가고 있다.

대부분의 사람들은 스타일상의 문제나 주어진 동기와 관련하여 확신을 갖지 못할 때 클래식한 의상을 선택하여 그러한 불확실함을 감춘다. 클래식한 의상을 바라보는 사람들은 그 옷이 지닌 가치와 전통성에 대해서만 평가하는 경향이 있다. 패션에도 고전(Classic)이 존재한다. 여기에서의 고전이란 바로 각각의 전통성과 실용성을 근거로 제작된 최고 수준의 의상들을 말한다. 이렇게 만들어진 명품들은 '시대를 초월하는 중요성'을 대변하며, 고전이란 계속해서 생성과 소멸을 반복함으로써 '유기적인 전통'으로 나타날 때 그 기능을 갖는다. 우리가 고전의 가치를 인정하는 이유는 그것은 '결코 유행을 지나버리는 일이 없고', 오히려 '계속해서 새롭게 변모하기' 때문인 것이다. 고전적인 것은 우리에게 신뢰감을 준다.

명품의 특징으로는 고품질, 세련된 디자인, 고가격, 유명상표, 희귀성 등을 들 수 있는데, 패션 명품의 품질은 장인정신에 의한 완벽한 봉제와 제작, 독창적으로 개발된 고급스러운 소재, 유행과 무관한 독창적인 컨셉의 디자인에 기인한다. 소비자들은 제품 그 자체보다는 높은 가격, 우수한 품질과 함께 오랜 기간을 두고 판매되는 전통 있는 상표명을 명품의 특징으로 지각하며, 희소성 있는 고가의 상품을 살 수 있다는 데서 우월감을 느낀다. 즉, 소비자들은 명품 소비를 통해 높은 가격을 지불할 수 있다는 능력-부를 전시하는 효과를 보인다. 명품은 전통과 장인정신, 그것을 사용하는 사람의 애정이 덧붙여지면서 단순한 물건이 아니라 영혼이 깃든 존재로 거듭나기도 한다.

3. 세계 패션 트렌드를 주도하는 4대 도시와 패션 명품

흔히 오트쿠튀르(haute couture)나 프레타포르테(prét à porter)에 참가하는 패션디자이너들의 작품 발표회를 컬렉션(collection)이라 하며 여러 패션디자이너들의 작품발표회를 특별한 주제 없이 한 곳에 모았다는 의미에서 컬렉션이라는 용어를 사용한다. 컬렉션은 패션 산업에 있어 판매촉진의 한 형태로, 파리, 뉴욕, 밀라노, 런던 컬렉션을 세계 4대 컬렉션으로 부른다. 패션 컬렉션을 통해 기업이나 패션디자이너는 해당 시즌의 새로운 패션 트렌드를 전망하고 새로운 제품들을 선보인다.

세계 패션 트렌드를 이끌어가는 4대 도시와 각 도시를 대표하는 패션 명품 브랜드들에 대해 살펴보자.

1) 패션의 중심, 오트쿠튀르의 본고장 – Paris

프랑스 파리는 역사적으로 예술의 중심지로 프랑스 뿐 아니라 세계 각지의 패션 디자이너들이 컬렉션 장소로 가장 선호하는 도시이며, 패션디자이너를 꿈꾸는 학생들이 가장 많이 찾는 도시 중 하나이다.

세계에서 가장 중요한 패션 산업국인 프랑스 패션의 힘은 예술성과 심미성, 그리고 디자인의 창의성과 디자이너의 개성에 있다. 프랑스 패션은 전통적인 장인 기술에 의한 섬세한 바느질, 장식적, 수공예적인 특징을 바탕으로 의복의 최종 가치를 아름다움에 둔다. 또한 대체적으로 조형성의 강조를 통해 화려하며 우아하고, 고급스러운 품질에 대한 천부적인 감각을 특징으로 한다.

프랑스에서는 1900년대 초반 기성복 생산이 시작되었으나 1950년대까지 전통적인 맞춤복인 오트쿠튀르 패션의 유행으로 인기를 얻지 못하다가 1960년대 패션의 대중화와 함께 프레타포르테의 등장으로 소비자들의 관심을 끌게 되었다. 파리는 세계 패션의 중심지가 되면서 프랑스 정부의 지원으로 컬렉션 개최, 새로운 기술 도입, 조직력 강화 등 끊임없는 노력을 계속했다. 프랑스 패션 산업은 파리를 중심으로 디자인회사, 섬유 관련업체, 유통업체 간 유기적 협력관계를 갖춘 지역적 집적화로 안정적인 생산 유통 시스템을 구축하고 있다.

파리 컬렉션은 상업성보다는 디자이너의 독창적, 창의적 스타일을 특징으로 디자이너의 감성, 디테일 효과, 예술적 실험 등이 자유분방하게 시도되고 있다. 디자이너들의 독창성을 침해할 수 없도록 법적 조항이 마련되어 있으며 세계 각국에서 모인 고급 리테일 소매점 바이어, 패션 전문가 및 저널리스트들과 소비자를 연결해주는 매개체 역할을 한다.

세계 제1의 패션도시 파리에서는 샤넬, 루이비통, 에르메스, 까르띠에, 이브 생 로랑 등 수많은 명품 브랜드가 탄생하였으며, 파리 컬렉션은 세계에서 가장 역사가 길고 여전히 전 세계 패션 트렌드의 방향을 결정한다. 파리 컬렉션은 연례적으로 개최되는 최고급 맞춤복 중심의 오트쿠튀르 컬렉션과 오트쿠튀르를 모방한 보다 값이 저렴한 대량 생산체제의 기성복 중심의 프레타포르테 컬렉션으로 나뉜다. 오트쿠튀르의 S/S 시즌은 1월 말에서 2월에 걸쳐 열리고, F/W 시즌은 7월 말에서 8월에 열리고 프레타포르테 컬렉션은 S/S 시즌은 10월에, F/W 시즌은 4월에 열린다.

● 오트쿠튀르(Haute Couture)

오트쿠튀르는 불어로 '고급의, 훌륭한'의 뜻을 지닌 'haute'와 '바느질', '재봉', '맞춤복' 등을 의미하는 'couture'를 합친 말로, '훌륭한 바느질', '고급 재봉'을 의미한다. 영어에서의 '하이패션(high fashion)'을 뜻하며, 주로 여성복 제작과 관련하여 세계적인 최고급 패션을 의미하는 용어로 사용된다. 오트쿠튀르에 종사하는 남성을 쿠튀리에(couturier), 여성을 쿠튀리에르(couturiere)라고 부른다. 오트 쿠튀르는 찰스 프레데릭 워스(Charles Frederick Worth)로부터 시작되었으며 가브리엘 샤넬(Gabrielle Chanel), 크리스티앙 디

Chanel, Haute Couture Paris,
2017 S/S

Dior, Haute Couture Paris,
2017 S/S

오르(Christian Dior), 크리스토발 발렌시아가(Cristóbal Balenciaga) 등이 대표적이다.

　17세기까지만 해도 쿠튀리에나 쿠튀리에르는 단순히 고객 혹은 고용주들의 요구에 따라 옷을 만들기만 하는 기술직으로 낮은 신분의 직업에 해당했다. 그러다 17세기 말 루이 14세 통치 시기 쿠튀리에(르)들이 직접 고객에게 옷을 만들어 입힐 수 있도록 허락되면서부터 사회적 지위가 상승하였다. 쿠튀리에(르)들은 자신들의 패션 하우스를 운영하며 왕족 혹은 상류층, 부유층을 주요 고객으로 하였으며 이들에 의해 시작된 오트쿠튀르는 최고급 의상실, 최고의 장인기술에 의해 만들어진 품질이 높은 최고의 옷을 상징하게 되었다.

　현재 명품 브랜드로 알려진 수많은 명품 디자이너들이 맞춤복을 전문으로 하는 오트쿠튀르 형태로 패션 사업을 시작했으며, 오트쿠튀르 디자이너들은 현재까지 파리 쿠튀르 연합회(chambre syndicate de la couture parisienne)에서 정한 엄격한 규정을 따르고 있다. 오트쿠튀르는 고도의 수작업을 요하며 하나의 작품 제작에 수백여 시간이 소요되며 따라서 높은 가격을 요구한다. 그러나 오트쿠튀르는 급격히 성장하는 기성복(프레타포르테)의 위협과 높은 가격 등으로 인해 현재는 고객 수가 현저히 감소하였으며 그 인기를 잃어가고 있다. 발렌시아가는 1968년 자신의 하우스를 문 닫으며 이미 오트쿠튀르의 종말을 예견하였고 1971년 샤넬의 사망과 함께 오트쿠틔르는 혼란에 빠졌다. 그러나 여전히 오트쿠틔르 디자이너들은 세계 패션의 흐름을 주도하며 전 세계 패션 창조의 산실로서 그 명성을 유지하고 있다.

● **프레타포르테(Prêt-à-Porte)**

프레타포르테(Prêt-à-Porte)는 오트쿠튀르(haute couture)와 함께 세계 양대 패션 컬렉션으로 파리를 중심으로 뉴욕, 밀라노, 런던 등에서 열린다. 1950년대 말, 대중 패션이 유행하기 시작하면서 파리 오트쿠틔르 디자이너들은 자신들의 고객이 줄고, 작품이 무단 복제되는 문제에 직면하면서 프레타포르테 체제를 도입하기 시작하였다. 고도의 숙련된 수작업 기술을 요하는 오트쿠틔르의 값비싼 의상은 일반인들이 입기에는 무리가 따랐기 때문에 1959년 피에르 가르댕은 대량생산 체제를 갖추고 의류상품을 만들어 내기 시작하였다. 이러한 제품생산 라인을 파리에서는 프레타포르테, 즉 기성복이라 불렀고 보통 줄여서 프레트(Prêt)라고 하였다.

최고급 맞춤복인 오트쿠틔르와 구별되는 형태의 고급 기성복(ready to wear)을 의미하는 프레타포르테는 처음에는 오트쿠틔르 작품을 모방하여 일반화시킨 것을 의미했다. 부유층들은 값비싼 오트쿠튀르의 오리지널 의상을 구입할 능력이 있었지만, 대부분의 사람들은 디자이너의 이름이 붙은 보다 저가의 기성복을 선호하였으며 1960년대 프랑스 디자인을 주도하던 거목들은 점차 2류 제품의 중요성을 깨닫기 시작하였다. 여기에는 모든 사람들이 유명 디자이너인 자신의 제품을 구입할 수 있어야 한다고 주장한 이브 생 로랑(Yves Saint Laurent)의 영향이 컸다. 이 시기에 그는 유명한 기성복 브랜드인 리브 고쉐(Rive Gauche) 컬렉션을 만들었으며, 다소 시기상조이긴 하였으나 쿠튀르의 몰락을 선언하기도 하였다. 시대의 변화 흐름에 맞춰 샤넬, 크리스티앙 디오르, 지방시, 이브 생 로랑, 웅가로 등 파리 오트쿠틔르 소속 디자이너들은 오트쿠틔르 뿐만 아니라 프레타포르테 컬렉션을 동시에 전개하게 되었다.

현재는 파리, 뉴욕, 밀라노, 런던 등에서 매년 두 번씩 프레타포르테 컬렉션이 전개되고 있으며 세계 각지의 패션디자이너들이 프레타포르테를 통해 자신들의 창작의상을 선보이고 있다. 남성복과 여성복 컬렉션으로 분리되던 프레타포르테는 최근 남성복과 여성복 컬렉션을 하나로 통합하여 하나의 컬렉션으로 선보이는 등 다양한 변화를 시도하고 있다. 패션과 산업 분야를 접목시켰다고 평가받는 프레타포르테는 오트쿠튀르와 함께 세계 패션 트렌드를 주도해 나가고 있다.

Marc Jacobs,
2017 S/S Women RTW, NewYork

Dolce & Gabbana,
2017 F/W Women RTW, Milan

● 파리 대표 브랜드 : 샤넬(Chanel)

20세기 현대 여성 패션의 위대한 혁신을 가져온 디자이너 가브리엘 샤넬(Gabrielle Chanel)은 모든 여성들의 로망이자 역사상 가장 유명한 패션 디자이너라고 할 수 있다. 1920년대 파리 쿠튀르계는 새로운 재능을 가진 신인 디자이너들에 의해 젊은 분위기가 만연하였고 세계 1차 대전 이후 여성들의 활발한 사회 진출로 인해 여성 디자이너들의 전성기이기도 하였다. 샤넬은 이러한 시대 상황 속에서 대담한 창작력으로 1920년대 가르손느(garçonne) 모드를 선보이며 여성 패션의 구습을 타파하였고, 파리의 유행을 이끌었다.

그녀는 자신의 의상 디자인 철학을 단순성과 실용성에 두고 단순하면서 대담한 스타일의 의상들을 선보였다. 여성들에게 활동성과 자유로움을 선사하는 것을 패션의 주요 쟁점으로 삼은 그녀는 캐쥬얼 시크(casual chic)를 만들어내기도 하였다.

샤넬은 의상을 통해 연령과 성별, 계층을 타파한 디자이너로 일상복에서 부(富)의 노골적인 표현은 바람직하지 않다는 것을 인식한 최초의 디자이너이기도 하다. 그녀는 당시 남성들의 속옷이나 운동복에 주로 사용되던 품질이 좋지 않은 값싼 저지 소재와 편물을 여성패션 소재로 도입하였고, 1924년 진짜 보석 대신 코스튬 주얼리(costume jewelry)를 발표하여 당시 경제적 부의 과시 수단으로 사용되던 여성의 보석을 인조 진주나 크리스털 등의 인조 보석으로 대체하였다. 또한 그녀는 그 당시 남성복에 뿌리내린 검은색의 시크(chic)함에 매료되어 여성들의 일상복으로 사용되지 않던 검정 색상으로만 이루어진 단순한 형태의 '리틀 블랙 드레스(little black dress)'를 선보여 큰 사랑을 받았다. 그녀는 일반 서민들의 의상에서 디자인 힌트를 얻었으며 화려한 장식보다는 커다란 포켓이나 주름 같은 실용적 측면을 강조하였다. 이러한 스타일의 여성 슈트는 1차 세계대전 이후 샤넬에 의해 새로운 시대를 맞이했으며, 샤넬 슈트는 20세기 여성복 스타일의 표준이 되었다.

little black dress, Chanel, 1926

복식에 대한 완벽성을 즐기는 것은 절대적인 단순성 안에서 구성되어지는 것들이다. 20년대 들어 보다 가시화되기 시작한 여성복의 단순한 실루엣은 그 시대에 표출되기 시작한 표현주의 예술의 '단순성' 추구와 연관하여 생각해 볼 수 있다. 이러한 의미에서 단순성과 우아함을 창조하여 진정 자유롭고 편안한 의상을 만들어 여성복의 지배적인 흐름을 전환시켰던 샤넬은 과거와 반대되는 정의인 미적(aesthetic) 모더니스트의 전형적인 인물이었다.

샤넬은 자신의 패션공식을 반복, 재해석하면서 현대성을 표현해 왔으며 1983년부터 현재까지 샤넬을 성공적으로 계승하고 있는 칼 라거펠트는 샤넬 부티크의 전통적인 스타일을 존중하면서 해체와 재구성을 통해 새로운 세대와 시대적 분위기에 맞는 현대적인 샤넬 이미지를 창조해내고 있다.

20세기의 대표적인 디자이너 부티크에서 21세기 최고의 명품 브랜드로 자리를 굳건히 하고 있는 프랑스의 대표적인 브랜드인 샤넬은 변하는 것과 변하지 않는 것을 통해서 그 스타일의 명성을 유지하고 있으며 샤넬의 의상은 최상의 우아함과 편안함을 선사하고 있다.

Ensemble, Gabrielle Chanel, 1964,
The Victoria & Albert Museum

● 대표 브랜드 : 크리스티앙 디오르(Christian Dior)

프랑스의 대표적인 패션 디자이너 중 한 명인 크리스티앙 디오르(Christian Dior)는 1947년 혁명과도 같은 디자인-'뉴 룩(New Look)'을 성공시키며 세계적인 브랜드로 자리매김하였다.

제 2차 세계대전 이후 디오르가 뉴 룩을 선보일 당시, 여성들은 여전히 전쟁의 후유증으로 남성적인 밀리터리 룩의 유행을 따르고 있었으며 단순하며 장식이 없는 옷을 즐겨 입었다. 디오르는 부드럽고 완만한 어깨, 잘록한 허리, 풍성한 스커트를 통해 여성스러운 새로운 뉴 룩을 선보여 전쟁으로 어려웠던 시절을 끝내며 '벨 에포크(La belle époque)'를 향수하는 로맨틱한 스타일로 여성들의 마음속에 자리 잡은 '여성성'을 끄집어내었다. 그 당시 여성들은 디오르의 뉴 룩을 입기 위해 다시 한 번 자신의 허리를 페티코트로 조여야만 했고 부풀려지거나 조여지고 리본이나 벨트로 강조된 디오르의 여성성을 강조한 의상들은 다시 코르셋을 착용하도록 했지만 그 당시 여성들은 그러한 불편을 감수하고 디오르의 뉴 룩을 입기 원했다.

디오르는 뉴 룩 발표 이후 급작스럽게 사망하기 전까지 불과 10년 동안 수많은 라인들을 창조해 내었으며 실루엣은 허리를 중심으로 변화하여 가느다란 허리, 하이 웨이스트, 로우 웨이스트의 순으로 변화되었다. 이후에는 허리선을 완전히 자유롭게 한 무릎아래 길이의 색 (sack) 드레스를 발표하여 유행을 선도하기도 했다.

Dior 'Zémire' Ensemble

Dior Bar Suit and Hat

디오르의 디자인 컨셉은 정제되고 손질된 형태, 동계열의 색상배합, 수공예적인 자수나 레이스 등 여성의 우아한 이미지를 추구한다. 조형미를 다루는 디자이너의 개성은 디자이너가 선호하는 혹은 습득된 조형성으로 조형 요소에 비례, 리듬, 통일, 강조인 조형원리를 구성하는 통합감각이라 할 수 있는 디자인 테크닉이며, 디오르 메종에서의 중요한 디자인 테크닉은 전체적인 균형미를 나타내면서도 디테일이나 트리밍 중 하나의 디자인 요소를 과장하여 표현하는 강조 기법이다. 이러한 것들로 이루어진 크리스찬 디오르 오트쿠튀르 디자인의 오리지날리티는 '유일함'이라는 의미를 갖는다.

디오르 하우스는 디오르 사후 이브 생 로랑(Yves Saint Laurent), 마르크 보앙(Marc Bohan), 지앙프랑코 페레(Gianfranco Ferré), 존 갈리아노(John Galliano), 라프 시몬스(Raf Simons)를 거쳐 최근 크리스티앙 디오르 역사상 최초 여성 디자이너인 마리아 그라치아 치우리(Maria Grazia Chiuri)에 의해 성장을 계속해 나가고 있다.

Lady Dior, 2013

2) 매스패션의 기초를 확립한 미국, 현대 패션의 메카 – New York

프랑스 패션이 우아함에 높은 가치를 부여하고 직감과 감성으로 삶을 영위하며 의복에 대한 최종 가치를 아름다움에 둠으로써 전통적인 장인기술, 섬세한 바느질, 화려함, 고급스러운 품질에 대한 천부적인 감각을 특징으로 한다면, 미국 패션은 강함, 거대함, 생산능력에 대한 자신감, 넘치는 활력, 최고의 감각으로 특징지을 수 있다. 미국 근대 패션의 원형은 1920-1930년대에 확립되었는데 당시 패션은 대중을 위한 것이 아니라 일부 상류층을 위한 패션이었다. 그러나 점차 기성복 산업을 통해 대중 패션이 확산되면서 미국은 세계 매스패션의 기초를 구축하였으며 이는 미국의 효율적인 대량생산 체제, 상품기획력, 합리적인 유통 과정, 광고 산업 등이 뒷받침된 결과이기도 하다.

프랑스가 1,000년이 넘는 오랜 역사 속에서 패션에 관심과 심혈을 기울인 반면, 미국은 짧은 역사와 함께 뒤늦게 패션에 관심을 보이기 시작하였고, 미국 디자이너들은 제2차 세계대전 이후인 1940년대에 와서야 디자인 협회의 회원이 되었다. 제2차 세계대전으로 인해 파리 패션계는 침체기에 빠졌으며 전쟁기간 동안 미국은 트렌드 세터로서 패션을 리드하였으며 뉴욕은 전쟁 중 패션의 중심지로 급부상하였다.

이 시기부터 미국은 점차 특정한 패턴 없이 의류를 무작정 구입하는 것에서 탈피하여 스타일의 독창성을 이해함으로써, 소위 패션의 질에 대한 인식이 싹트게 되었고, 동시에 프랑스와 같이 제조업자보다는 디자이너를 중시하기 시작하였다. 1940년대 초 유럽 패션과는 감각이 다른 미국 패션이 잡지를 통해 선보이자 미국 여성들은 관심을 갖기 시작하였으며, 이러한 미국 패션계에 있어서의 주인공은 제조업자였다. 그들은 공장을 소유하면서 직공을 공유하고 옷을 만들어 수출하였다. 대부분의 디자이너들 역시 제조업자로서 직공을 고용하여 회사를 직접 운영하고 상품수출을 하였다. 프랑스, 유럽 기성복 회사들은 미국 회사들로부터 무역거래를 배웠고 미국은 유럽으로부터 고객을 상대하는 전통을 배웠다. 클레어 맥카델(Claire McCardell), 노만 노렐(Norman Norell)과 같은 미국 패션 디자이너들은 파리 패션과는 다른 합리적인 미국적 캐주얼웨어를 선보였다. 기성복 위주의 미국 패션 디자이너들은 대량생산 체제 위에 세련된 패션 감각을 더해 캐주얼웨어의 중심지로 자리매김 하게 되었다.

미국 디자이너들은 또한 영화 분야와 연계되어 유행을 선도하는 의상 창작에 활발하게 활동하였는데 그 중에서 길버트 에이드리언(GilbertAdrian), 호워드 그린(Howard Green), 이레네 갈리친(Irene Galizine)이 유명하다.

전후 제1차 세계박람회가 1958년 브뤼셀에서 열렸고, Vogue지가 위원자격으로 선정한 미국 전시관에서는 모든 미국 취향의 의상들, 즉 스트라이프 티셔츠, 밝은 노란색 타이즈수영복, 셔츠에 어울리는 스웨터, 스커트, 블루진(blue jeans), 긴 가죽바지, 스트라이프 무늬의 울 판초(poncho)와 실크로 된 실내복 등이 선보여져 패션계에 주목을 받기 시작하였다. 청바지와 블라우스는 미국복식사에서는 빼놓을 수 없는 미국 의상의 주요부분으로 이들은 일정한 시대를 초월하여 패션 스타일에서 사라진 적이 없었고, 우리 생활에서 가장 좋은 친구처럼 지속적으로 함께해오고 있다. 19세기 중엽 리바이 스트라우스(Levi Strauss, 1829-1902)가 선보인 청바지는 처음에는 황금을 캐던 광부들이 입기 시작하였으나 전 미국 국민의 라이프 스타일을 반영하여 남녀노소 구별 없이 착용되어 왔다. 또 하나 미국을 특징짓는 스타일로는 셔츠웨이스트(shirtwaist)가 있는데 이것은 본래 세기 전환기에 등장한 전형적인 미국 여인상이었던 깁슨 걸(Gibson girl) 스타일이었다. 그 후 월남전으로 인해 반감이 분출되어 반체제적인 의복이 폭발적으로 인기를 얻으면서 그때까지만 해도 일상의 노동복으로 사용되던 블루진이 패션의 일부분으로 수용되었다. 당시 유명한 캘리포니아 출신의 디자이너인 루디 게른라이히(Rudi Gernreich)는 기존의 블레이저(blazer)의 형태를 파괴시켜 의미심장하게 재형성시킨 '노 브라 브라(no-bra bra)'를 소개하였다. 그의 탑리스(topless) 수영복은 짧은 토퍼(topper)를 입거나 혹은 입지 않기도 했는데, 이는 그 시대의 가능한 한 도달할 수 있는 나체의 모습을 출현시킨 것으로 천여 명이 그것을 구입하였고 착장자의 대부분이 바로 체포되었으며, 외설로 인한 벌금형에 처해졌다. 이외에 파티오 (patio) 의상, 이브닝 파자마, 가정용 의류, 여성 스포츠용 짧은 바지(pedal pushers), 간편복, 진즈(jeans) 류와 같은 일명 '놀이 옷(playclothes)'이라고 불리는 이러한 의상들이 모두 미국 서부 캘리포니아로부터 비롯된 것이다.

그러나 미국 패션 산업에서 가장 중요한 곳은 뉴욕으로 뉴욕은 세계에서 가장 크고 지명도가 높은 현대 패션의 메카이다. 매년 2월과 9월에 열리는 '뉴욕 패션위크'에서는 다음 시즌 유행할 새로운 디자인과 대중적인 패션의 유행을 가장 빠르게 접할 수 있으며 뉴욕의 스트리트 패션도 유행의 잣대로 평가받고 있다. 랄프 로렌(Ralph Lauren), 캘빈 클라인 (Calvin Klein), 도나 캐런(Donna Karan) 등은 가장 미국적인 디자인을 표방하는 대표적인 디자이너들이다.

● 대표 브랜드 : 랄프 로렌(Ralph Lauren)

미국을 대표하는 패션디자이너 랄프 로렌(Ralph Lauren)은 1939년 뉴욕 브롱크스 (Bronx)의 유태인 이민 가정에서 태어났다. 패션 디자인 교육을 받지 않은 랄프 로렌은 학창시절부터 남다른 패션 감각으로 친구들의 주목을 받았다. 넥타이 디자이너로 패션계에 입문한 그는 화가였던 아버지로부터 물려받은 색채에 대한 천부적인 감각으로 그가 디자인한 넥타이는 많은 사람들에게 인기를 얻었다. 그는 영국 귀족과 그 당시 미국 부유층들이 즐겨하던 스포츠인 폴로 경기에서 영감을 얻어 'Polo'라는 이름으로 넥타이 사업을 시작하였으며 영국 귀족의 클래식한 감각과 미국적 라이프 스타일을 결합한 세련된 이미지를 선보여 미국 동부 맨해튼의 부유한 엘리트층으로부터 큰 인기를 얻으며 급성장하였다.

후에 랄프 로렌은 폴로 선수들이 착용하던 앞단추를 풀어 젖힐 수 있는 짧은 소매의 폴로셔츠를 상류층의 활동적이면서도 품격 있는 의상 아이템으로 전환하였으며, 폴로 넥타이 사업의 성공으로 그는 'Polo by Ralph Lauren'이라는 이름의 남성복과 여

Polo Ralph Lauren, 2013

성복 라인을 차례로 선보이면서 본격적으로 의류 사업을 시작하였다. 그는 영화 의상 협찬 등을 통해 대중들에게 꿈과 환상을 심어주는 천재적인 마케팅 기법으로 미국적 라이프 스타일을 전 세계에 퍼뜨리는데 성공했다.

랄프 로렌의 패션 철학은 영국과 미국 상류사회의 전통적인 라이프 스타일을 컨셉으로, 고전적인 전통과 현대적인 아름다움이 어우러진 유행에 민감하지 않은 스타일을 추구한다. 랄프 로렌의 전통에 충실한 디자인과 미국적인 합리주의, 실용주의를 반영한 디자인은 지역과 연령, 성별을 떠나 모두가 즐겨 입는 스타일로 그는 아메리칸 룩을 전 세계에 유행시키며 가장 미국적인 디자이너로 성장하였다.

옷을 넘어 라이프 스타일을 파는 디자이너 랄프 로렌은 아동복, 침구, 향수, 가죽, 가구, 인테리어 용품을 포함한 홈 컬렉션 등 사업 영역을 확대하며 수많은 라이센스와 브랜드를 보유한 글로벌 브랜드로 도약하였다.

Ralph Lauren Collection, 2012 F/W

● **대표 브랜드 : 캘빈 클라인(Calvin Klein)**

미국 패션을 대표하는 디자이너 캘빈 클라인(Calvin Klein) 역시 유태인 이민자 중 하나이다. 그는 헝가리계 유태인 집안에서 태어났으며 랄프 로렌과 마찬가지로 뉴욕의 브롱크스에서 성장하였다. 뉴욕의 패션스쿨 FIT를 졸업하고 1962년 뉴욕 7번가에 견습생으로 일하기 시작한 캘빈 클라인은 1968년 친구의 도움으로 첫 번째 자신의 이름을 내건 패션하우스를 오픈하게 된다. 전문직 여성을 위한 캐주얼하면서도 우아한 클래식한 의상들을 디자인하였으나 사업 초기에는 큰 관심을 얻지 못하였다. 그러다 우연한 기회에 캘빈 클라인의 의상이 뉴욕 대형 의류 매장 '본윗 텔러' 바이어의 눈에 띄면서 캘빈 클라인은 아메리칸 스타일을 대변하는 디자이너로 각광을 받기 시작했다.

1971년 스포츠웨어를 런칭하고 사업영역을 확대해 나갔으며 특히 그가 세계적인 디자이너로 발돋움 할 수 있었던 것은 바로 1978년부터 시작한 청바지 사업의 성공에 있었다. 그에 의해 청바지는 고가의 디자이너 브랜드 진으로 거듭나게 되었으며 이후 청바지는 하나의 패션 아이템이 되었다. 당시 최고의 인기를 누리고 있던 배우 브룩 쉴즈를 모델로 기용하여 도발적이고 파격적인 광고를 하는가 하면 케이트 모스와 같은 어린 모델을 통해 젊은 세대를 공략한 전략적인 광고를 통해 큰 성공을 거두었다. 캘빈 클라인 진(CK Jean)은 단번에 젊은 세대들의 필수 아이템이 되었으며 이후 1982년 선보인 남성 사각 팬티의 허리 밴드에 브랜드 이름을 새긴 CK 언더웨어 라인은 열광적인 지지를 얻으며 언더웨어 시장을 잠식했다. 1988년에는 향수를 런칭하였으며 유니섹스 향수 'CK One'은 향수 시장에 새로운 바람을 일으키며 큰 인기를 얻었다. 그의 디자인은 세련되고 고상하며 현대적인 동시에 실용적이고 기능적인 뉴욕 스타일을 대변한다.

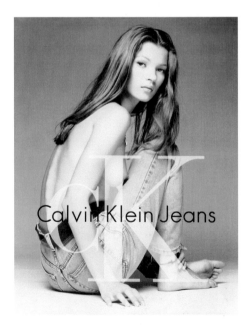

Calvin Klein Jeans Ad

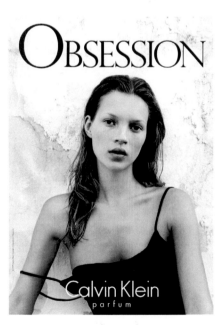

Calvin Klein's Obsession Ad

캘빈 클라인은 미국적인 스타일, 심플하고 모던한 뉴욕 스타일을 창조해내는 미국의 대표적인 패션 디자이너로 그의 앞서가는 패션 정신과 시대를 꿰뚫어보는 정확하고 예리한 마케팅 능력은 그가 패션계에서 성공할 수 있었던 요인이 되었다. 캘빈 클라인은 은퇴했지만 브랜드는 여전히 매 시즌마다 세련된 디자인들을 선보이며 미국을 대표하는 패션 브랜드로서 자리매김하고 있다.

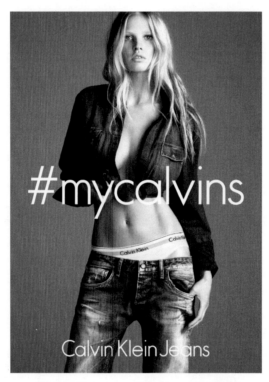

Calvin Klein Jeans & Underwear, 2014

3) 예술과 장인정신의 결합, 이탈리아 - 명품 1번지, Milano

18세기까지 서양문명의 주류를 형성한 이탈리아는 세계에서 가장 풍부한 문화유산을 가지고 있는 나라로 이탈리아 문화유산은 세계문화유산 전체의 6%에 이른다. 르네상스(renaissance) 시기 레오나르도 다빈치(Leonardo da Vinci), 부오나로티 미켈란젤로(Buonarroti Michelangelo) 등과 같은 거장을 배출한 이탈리아는 오늘날에도 패션을 포함하여 철학, 문학, 미술, 음악, 건축 등 문화·예술 분야에서 세계문화 주류의 한 축을 형성하고 있다.

미국과 마찬가지로 파리 패션에 의존해오던 이탈리아는 르네상스 때부터 이어져온 풍부한 예술적 감각과 오랜 기간 파리 패션의 생산 기지로서 뛰어난 소재 생산 능력과 봉제기술 등을 바탕으로 세계 2차 대전 이후 패션에 새로운 변화를 시도하였다. 밀라노가 세계적인 패션도시로 알려지기 시작한 것도 1940년대부터이다. 이탈리아는 이후 1975년 조르지오 아르마니, 지아니 베르사체, 지앙프랑코 페레 등 유능한 디자이너들의 뛰어난 솜씨와 창조성에 의해 세계 패션의 중심지로 자리하게 되었다.

이탈리아는 밝고 화려한 색상, 대담한 문양이 돋보이는 개성적이고 창의적인 패션을 선보이며 프랑스 패션과는 다른 유행을 선도하기 시작했다. 소재 산업에서 단연 으뜸인 이탈리아는 최고급 실크와 린넨, 모직, 가죽 등을 생산하고 있다. 아방가르드한 스타일의 패션, 특히 신사복과 핸드백, 구두와 같은 액세서리로 국제적 명성을 얻었으며 수많은 명품 피혁 브랜드가 이탈리아에서 탄생하였다. 남성 패션에 있어 독보적인 이탈리아는 세련되고 완벽한 남성복 테일러링 기술로 전 세계적인 사랑을 받고 있으며 이탈리아를 대표하는 디자이너, 조르지오 아르마니가 선보인 아르마니풍 슈트는 이탈리아 슈트의 명성을 대변하는 제품 중 하나이다.

살바토레 페라가모(Salvatore Ferragamo), 구찌(Gucci), 보테가 베네타(Bottega Veneta)와 같은 브랜드의 피혁 제품의 우수성이 세계적으로 인정받으면서 이탈리아 밀라노는 세계적인 패션 도시로 자리매김했다. 1975년부터 개최된 밀라노 컬렉션은 파리에 비해 사업 수완과 우수한 품질, 뛰어난 제조 기술의 이점을 갖고 있었으며 세계 거장 디자이너들이 밀라노 컬렉션으로 대거 몰려들어 세계 바이어들과 평론가, 기자들의 지지 속에 성장하였다. 디자이너 브랜드뿐만 아니라 막스 마라(Max Mara)와 같은 전 세계적으로 유명한 기성복 제조업체의 수가 많은 것도 이탈리아 패션의 특징이라 할 수 있다. 밀라노 컬렉션은 하이패션을 추구하면서 파리 패션에 비해 실용성을 좀 더 강조한 것이 특징으로 부유층을 대상으로 한 의상이 아니라 실생활에서 입을 수 있는 실용 의상으로 대중을 위한 패션이 주류를 이루고 있다.

구찌(Gucci), 지아니 베르사체(Gianni Versace), 조르지오 아르마니(Giorgio Armani), 미우치아 프라다(Miuccia Prada), 발렌티노(Valentino) 등은 전 세계적으로 이탈리아 패션의 위상을 떨치고 있는 이탈리아의 대표적인 패션 브랜드들이다.

● 대표 브랜드 : 베르사체(Versace)

이탈리아를 대표하는 패션디자이너 지아니 베르사체(Gianni Versace)는 1946년 이탈리아 남부 칼라브리아에서 태어났다. 부티크를 운영하던 어머니의 영향으로 자연스럽게 베르사체와 그의 형제들은 어린 시절부터 옷을 접하며 패션에 관심을 갖게 되었다. 둘째였던 베르사체는 대학에서 건축을 전공했지만 패션에 대한 관심으로 우연한 기회에 작은 의상 업체의 패션디자이너가 되었으며 이후 프리랜서 디자이너로 활동하다 1978년 형 산토 베르사체와 여동생 도나텔라 베르사체와 함께 밀라노에서 자신의 이름을 건 첫 컬렉션을 발표했다. 당시 그가 선보인 여성의 몸매를 그대로 살린 관능적이고 화려한 의상들로 베르사체는 이름을 알리기 시작했으며 1980년대를 대표하는 디자이너로, 이탈리아 모드계의 1인자로 떠오르게 되었다.

1981년 베르사체 회사를 설립, 화려하고 현란하며, 은근하면서 모던한 라인의 의상들을 발표하면서 전 세계 여성들의 시선을 사로잡은 베르사체는 패션 디자이너이자 예술가이고, 개척자였다. 그는 디자인을 할 때 항상 과거 패션을 재발견하여 이를 다시 재구성하였다. 수세기 동안 일어났던 전통복식의 변화에 대해 공부하였으며 과거 복식사에서 영감을 얻어 이를 재해석해내는 능력으로 인해 그의 작품은 늘 혁신적이었다. 평소 고대 문화에 탐닉했던 그는 고대 대리석 조각상과 그림들에 둘러싸여 지냈던 탐미주의자이기도 했다. 그는 신화속 메두사를 브랜드 상징으로 삼았으며 다양한 라인의 브랜드를 전개하며 관능적이고 도발적인 의상들을 선보였다. 베르사체의 대담하고 훌륭한 감각은 파리 쿠튀르의 근본에 충격을 주었을 뿐 아니라 패션의 흐름을 바꾸어 놓았다. 그는 여성을 성적 대상이 아닌 강하고 확신 있고 자제력 있는 하나의 성적 주체로 표현해 대 성공을 거두었다. 그는 계속해서 패션의 sexuality를 탐구해 나갔다.

베르사체 패션은 화려하고 여성적이며 현란한 원색 사용과 화려한 패턴, 관능적인 실루엣과 독특한 디테일을 특징으로 한다. 현대에 많은 디자이너들이 단순하고 모던한 스타일을 추구해가는 가운데 베르사체는 그의 뛰어난 독창성으로 화려하고 범접하기 힘든 독특한 스타일을 추구하였다.

드레스의 옆을 커다란 옷핀으로 연결한 관능적인 드레스와 인체의 선을 그대로 드러내는 반짝이는 소재의 드레스는 베르사체 패션의 대표적인 의상들이다. 할리우드 스타라면 베르사체를 입어야 한다는 말처럼 실제로 베르사체의 의상은 할리우드 스타들을 비롯한 전 세계 유명 스타들이 가장 즐겨 입는 의상 중 하나이다.

베르사체는 사상이나 정신으로 볼 때 '신바로크주의자'이다. 이는 그가 과거 바로크 형태를 모방하기 때문이 아니다. 이는 그의 컬렉션에서 나타나는 자유와 창작성의 여지를 이해하는 데 매우 중요하다. "형태의 역사"로 정의되는 예술 영역에 있어 우리는 2개의 위대하고 상반되는 스타일인 '클래식(classic)'과 '바로크(baroque)'를 인식할 수 있다.

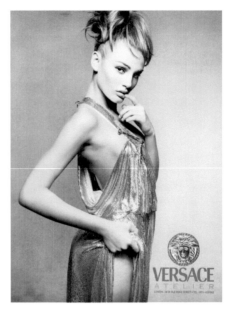

Versace   Versace Atelier Ad.

    20세기 초 비교양식사樣式史의 방법을 확립한 유명 예술 비평가 중 하나인 하인리히 뵐플린 (Heinrich Wölffrin)은 클래식과 바로크를 예술 형태를 해석하는 두 가지 기본 범주로 제시하였다. 사실 클래식하다는 것은 고대나 르네상스 시대 또는 18세기 신고전주의 시대에만 속해 있는 것이 아니며 '바로크' 역시 17세기와 18세기 바로크 예술이라 불리는 것에 속한 것만을 나타내는 것으로 여겨서는 안 된다. 이 클래식과 바로크는 예술 형태의 내적 구조를 이해하는 일반적인 두 가지 방식이라 할 수 있다. 뵐플린은 예술 작품이 나타나는 역사적 시기에 관계없이 클래식한 것과 바로크적인 것을 비교하는 다섯 쌍의 구조를 열거했다. 즉 1) 직선적이고 회화적인 것, 2) 평면적인 것과 깊이 있는 것, 3) 폐쇄적인 형태와 개방적인 형태, 4) 통일성과 다양성, 5) 절대적 명료성과 상대적 명료성(모호성)의 다섯 가지 감각이다.[1]

    이러한 논리를 근거로 뵐플린이 제시하는 클래식의 의미는 디자인의 정확성, 완벽성, 통일감, 깊이감, 명료성을 추구한 스타일을 말하며 바로크는 선적인 것보다는 크로마티시즘(반음계주의)을 선호하고 개방형태, 모방이 아닌 내적 표현에 주목하며 다양한 주제의 선호와 이중적인 의미 즉 양면성을 갖는 것을 의미한다.[2]

1   채금석, 『현대복식미학』, 경춘사, 2002, pp.18-20 재인용
     하인리히 뵐플린, 박지형 역, 『미술사의 기초개념』, 시공사, 1994, pp.32-33
2   채금석, 『현대복식미학』, 경춘사, 2002, pp.18-20 재인용
     하인리히 뵐플린, 박지형 역, 『미술사의 기초개념』, 시공사, 1994, pp.32-33

하인리히 뵐플린(Heinrich Wölffrin)의 양식에 주목한 예술 형식

클래식	바로크
• 역사적으로 일정한 시기에 표현된 형태와 상관없이 디자인의 정확성, 완벽성, 통일감, 깊이감, 명료성을 추구한 스타일 • 이성과 지성, 미의 예술인 아폴론적 예술은 정확성과 완벽성, 명료성을 추구하는 클래식한 스타일과 연관 • 직선적, 폐쇄적 형태, 깊이 있는 것을 찾는 취향, 통일성, 확실한 형태	• 바로크 시대 : 고전적 규칙에서 벗어난 새로움, 자유자재로움, 사치스러움, 기괴함을 추구하던 시대 • 선적인 것보다는 크로마티시즘(반음계주의)을 선호 • 감성과 도취, 공상의 예술인 디오니소스적 예술과 불규칙하고 개방적이고 다양성과 이중성을 갖는 바로크 스타일과 연관 • 회화적인 것, 개방형태, 표면적인 것을 찾는 취향, 다양성에 대한 취향, 모호한 형태, 모방이 아닌 내적 표현에 주목

출처 : 채금석, 현대복식미학, 경춘사

이러한 뵐플린의 양식에 관한 정의를 받아들인다면 우리는 스타일과 관련이 있는 패션 분야에서도 유사한 정의를 제시할 수 있다. 패션에 나타난 끊임없는 변화를 살펴보면, 우리는 1950년대 말 특정한 바로크 양식이 1960년대 클래식 양식으로 되돌아간다는 것을 인식할 수 있다. 패션 디자이너들 개개인의 개성을 살펴보면 샤넬이나 발렌시아가, 에르메스 등은 클래식하며 폴 푸아레, 장 폴 고티에, 지아니 베르사체 등은 바로크적이라고 정의 내릴 수 있다.

그렇다면 베르사체 스타일이 본질적으로 왜 바로크적일까? 그가 바로크적이라 불리는 이유는 그가 바로크 시대 것을 인용하거나 암시하기 때문이 아니라 그의 패션에 대한 사고방식이 바로크적이기 때문이다. 즉, 그는 모호한 것을 좋아하고 다의성, 환상을 좋아하며 완전히 상반되거나 대조적인 요소들을 합쳐서 새로운 스타일을 만들어내기를 좋아했기 때문이다. 그의 작품 중 가장 두드러진 특성은 남성적인 것과 여성적인 것, 금속성직물과 전통직물, 가죽과 실크를 함께 사용하는 등 서로 상반되는 요소들을 조화시키기를 즐겼다는 점이다.

지아니 베르사체(Gianni Versace)가 1997년 괴한의 총에 맞아 갑작스럽게 사망하게 되자 전 세계 패션계는 충격에 휩싸였다. 그러나 베르사체 브랜드는 베르사체의 아트 디렉터로서 다수의 베르사체 브랜드를 맡아 오던 여동생 도나텔라(Donatella Versace)에 의해 성공적으로 계승되어오고 있다. 하나의 예술 작품을 빚는 마음으로 패션을 창조하며 "예술과 패션은 동전의 양면과 같다."는 말로 자신의 패션 철학을 정의한 지아니 베르사체 - 그는 세상에 없지만 베르사체 브랜드의 신화는 계속될 것이다.

Versace, 2007

● 대표 브랜드 : 조르지오 아르마니(Giorgio Armani)

지아니 베르사체와 함께 이탈리아 패션을 대표하는 조르지오 아르마니(Giorgio Armani)는 1934년 이탈리아 북부 도시 피아첸자의 가난한 집에서 태어나 가족들의 바람대로 밀라노의 의과대학에 입학한 의대생이었다. 그러나 의학에 별 뜻이 없었던 그는 군 제대 후 진로를 전환하여 밀라노 고급 백화점 라 리나센테(La Rinascente)에 취직하며 패션계에 첫 발을 내딛게 되었다. 패션에 관한 정규 교육을 받지 않은 아르마니는 실무를 통해 1964년 이탈리아의 세루티(Cerruti)사에서 남성복 디자이너가 되었으며 1974년 조르지오 아르마니라는 자신의 이름으로 남성복 브랜드를 출시하며 큰 성공을 거두게 되었다. 이듬해 그는 여성복 라인을 발표하였고, 1982년에는 디자이너로서는 크리스티앙 디오르 이후 두 번째로 〈Time〉지 표지를 장식하며 1980년대 패션을 대표하게 된다.

아르마니는 1975년 첫 컬렉션에서 부유한 고객층을 겨냥한 우아한 콘셉트의 의상들을 선보였으며 패드를 없앤 실용적인 디자인의 재킷은 선풍적인 인기를 불러일으켰고 아르마니는 단번에 밀라노 최고의 디자이너로 급부상하였다. 그는 여성 복식에 남성 테일러링 기법을 토입하여 남성복의 편안함과 합리성을 적용하였다. 그의 의상은 불필요한 다트와 절개선, 심지나 안감을 최대한 제거하여 인체의 선을 부드럽게 하여 전체적으로 편안하고 여유 있는 형태를 유지하는 특징을 갖고 있다. 1980년대 영화배우 리처드 기어가 아르마니의 정장을 입고 나옴으로써 그는 전 세계적으로 유명해졌으며, 지금까지 아르마니 수트는 남성과 여성 모두에게 있어 정장 스타일의 대명사로 여겨질 정도로 꾸준히 사랑받고 있다. 화려함 대신 절제된 디자인을 사용한 자연스러운 착용감과 흠 잡을 데 없는 완벽미는 아르마니 스타일의 특징이다.

Giorgio Armani, 2010

그는 패션을 "청결한 아름다움을 추구하는 작업"으로 정의한다. 그에게 있어 청결함의 의미는 착용했을 때 가장 편안하고 자연스러운 상태를 의미하는 것이며 그의 패션은 가장 지적이면서 우아한 라인, 장식을 배제한 단순함과 현대적 세련미로 대변되고 있다. 복잡한 디자인보다 단순하고 질 좋은 소재의 사용에 중점을 둔 아르마니의 미니멀리즘적인 의상은 전 세계 상류층과 부자들이 가장 선호하는 디자이너 브랜드 중 하나이다.

현재 아르마니는 남성복과 여성복, 아동복, 액세서리, 넥타이, 향수, 신발, 시계 등에 이르는 다양한 상품군을 거느리며 세계 최고의 디자이너로서의 명성을 이어가고 있다.

4) 전통과 하위문화의 공존, 영국 – London

클래식한 전통성과 아방가르드하고 펑크적인 하위문화가 공존하는 영국은 1930년대부터 패션디자이너들이 왕실 의상 제작에 참여하면서 자신들의 패션하우스를 운영하기 시작하였다. 뛰어난 직물과 전통적인 신사복 테일러링, 격식을 차린 스포츠웨어 분야로 유명한 영국은 패션 발달 초창기에는 주로 산책복이나 승마복과 같은 스포츠웨어에 대한 수요를 충당하며 발전하였으며 제 2차 세계 대전 전까지 남성복으로 유명했다.

1960년대 파리 오트쿠틔르는 쇠퇴하였고 젊은이들에 의한 대중패션이 유행하였으며 음악으로 세상을 평정한 영국의 전설적인 록 밴드 비틀즈(The Beatles)는 전 세계 젊은이들의 우상이 되어 모즈 룩(mods look)을 유행시켰다. 매리 퀀트(Mary Quant)가 선보인 미니스커트(miniskirt), 1970년대 비비안웨스트우드가 선보인 펑크(punk) 스타일의 세계적인 확산을 통해 영국은 스트리트 스타일의 본거지로 거듭났다. 세계 패션계는 스트리트 패션에 초점을 맞춘 영국 패션과 영국의 창의적인 디자이너들을 주목하기 시작했으며 영국 신진 디자이너들에 의한 아방가르드한 패션은 런던을 패션의 도시로 떠오르게 하였다

16세기 대영제국을 탄생시킨 패션리더 엘리자베스 1세를 비롯하여 항상 세련된 차림으로 새로운 스타일을 창조해 낸 에드워드 7세, 이후에도 클래식스타일의 아버지 윈저 공(Duke of Windsor)에서 다이애나 스펜서(Diana Frances Spencer), 케이트 미들턴(Kate Middleton)에 이르기까지 영국 왕실 사람들의 뛰어난 패션 감각도 영국 패션에 대한 전 세계적인 관심을 불러 모으는 요인으로 작용하였다.

엘리자베스 1세(1533 – 1603) 초상화

윈저 공(Duke of Windsor),
Jumping with love展, 필립 할스만

세계 4대 패션 컬렉션 중 가장 후발주자로 나선 런던 컬렉션은 영국 패션 협회(British Fashion Council)가 주최하며 1984년에 시작되었다. 젊은 디자이너들의 과감한 실험정신이 돋보이는 런던 컬렉션은 품질이 뛰어난 기성복에 초점을 맞추고 있으며 컬렉션의 시기를 파리보다 앞서 개최하면서 언론과 바이어들의 관심을 끌고 있다.

영국을 대표하는 브랜드로는 영원한 명품 버버리(Burberry), 런던 펑크의 대명사 비비안 웨스트우드(Vivienne Westwood) 외에도 폴 스미스(Paul Smith), 안야 힌드마치(Anya Hindmarch), 가레스 퓨(Gareth Pugh) 등이 있다.

● 대표 브랜드 : 버버리(Burberry)

역사와 전통을 자랑하는 버버리(Burberry)는 창립자 토마스 버버리가 1856년 소규모 포목상으로 런칭한 영국의 대표적인 럭셔리 패션 브랜드이다.

버버리는 의류 제조뿐 아니라 소재 개발에 특별한 관심을 가지고 있었으며 수많은 시도 끝에 최상급 이집트 면(Egypt Cotton)에 방수 코팅 기술을 더해 시원하고 통풍이 잘되면서 방수 기능을 갖춘 '개버딘'이라 이름 붙인 천을 개발하는 데 성공했다. 버버리는 이 '개버딘'을 1888년 트레이드마크(Trademark)로 등록했다. 그는 1891년 런던 해이마켓(Haymarket)에 첫 버버리 매장을 오픈했으며 1895년 개버딘 소재로 만든 레인코트를 선보였다.

A Burberry advertisement, 1938

영국 국왕 에드워드 7세(Edward VII), 윈스턴 처칠(Winston Churchill) 등이 그 당시 버버리 개버딘 레인코트를 즐겨 입는 것이 알려지면서 정통 영국 귀족 이미지의 버버리는 대중들에게 큰 인기를 얻기 시작했다. 1901년, 버버리는 군인들이 입기에 적합하도록 레인코트를 변형한 트렌치코트를 새로 선보였으며 내구성이 강하고 추위와 비바람을 막아주는 버버리 코트는 제1차 세계대전 중 추위에 떨던 군인들의 필수품으로 착용되었다. 이후 '버버리'는 전 세계적으로 알려지기 시작하며 레인코트를 대표하는 새로운 패션 용어가 되었다.

A Burberry advertisement, 1973

오랜 역사에도 불구하고 버버리의 제품 디자인은 한동안 창립 이래 거의 바뀌지 않았다. 버버리의 디자인 철학은 유행의 흐름을 따르지 않고 전통적인 클래식한 디자인을 고수하며 제품의 내구성과 실용성을 중시하는 데 있었으며 이러한 디자인은 젊은 세대들에게는 올드한 이미지로 다가왔다.

남성복, 여성복, 캐주얼웨어, 스포츠웨어, 아동복, 액세서리 분야에서 전 세계적인 글로벌 브랜드로 성장한 버버리는 2001년 크리스토퍼 베일리(Christopher Bailey)를 크리에이티브 디렉터로 영입하면서 새로운 시도와 변화를 추구하였다. 버버리의 전통에 영국 특유의 펑크(Punk) 문화를 믹스하여 올드한 이미지를 벗고 젊은 버버리의 모습을 선보여 젊은 세대들의 인기를 얻었다.

2006년 안젤라 아렌츠(Angela Ahrendts)가 버버리의 새 CEO가 되면서 버버리의 모든 환경은 디지털화되었고 온라인 숍(Online Shop)과 아시아권 마케팅을 강화하며 2008년 매출 10억 파운드를 돌파하였으며, 2012년 매출 20억 파운드를 기록했다.

2016년 9월 버버리는 런던에서 패션쇼를 진행하며 이를 버버리 홈페이지, 페이스북, 인스타그램, 트위터 등 SNS를 통해 전 세계에 생중계했다. 다음날 한국 버버리 청담동 매장에서도 그 전 날 런웨이에서 선보였던 버버리 신상품이 진열됐다. 또한 버버리는 상품을 알리고 전시하던 목적의 온라인 홈페이지를 직접 구매 가능한 쇼핑몰로 새롭게 바꿨고 'See Now, Buy Now' 시스템을 통해 온라인 몰에서도 전 날 런웨이에서 본 상품의 구매가 가능해졌다. 보통 브랜드가 한 시즌 앞서 패션쇼를 진행하기 때문에, 런웨이에서 본 상품을 구매하는데 3~6개월이 소요되지만 버버리는 이 기간을 하루에서 3일로 단축한 것이다. 버버리가 이 시스템을 선보인 뒤 랄프 로렌, 톰포드, 타미 힐피커 등의 브랜드도 판매 시스템을 재편하기 시작했다.

개버딘 트렌치코트, 버버리, 2017, kr.burberry.com

2014년 안젤라 아렌츠가 애플 부사장으로 이직한 이후 크리스토퍼 베일리는 버버리의 새로운 CEO가 되었다. 2015년 버버리는 한국 카카오, 일본 라인 등과 제휴를 맺고 각국 소비자들이 원하는 방식으로 온라인 콘텐츠를 공급하기 시작했으며 베일리가 CEO가 된 이후로 버버리 매출은 매년 10% 이상 성장하고 있다. 버버리는 오늘날까지 혁신을 거듭하며 영국의 대표적인 명품 브랜드로 그 명맥을 유지하고 있다.

● 대표 브랜드 : 비비안 웨스트우드(Vivienne Westwood)

영국 런던 펑크 룩의 대명사 비비안 웨스트우드는 영국 패션을 넘어 세계 패션사에 한 획을 그은 영국 패션계의 살아있는 전설이다. 1941년 더비셔(Derbyshire)의 작은 마을 글로숍(Glossop)에서 평범한 가정의 장녀로 태어난 그녀는 해로 아트 스쿨(Harrow School of Art)에서 잠시 예술과 관련한 수업을 듣기도 했지만 안정된 직업을 위해 초등학교 선생님이 되었다.

1970s Vivienne Westwood in her Destroy t-shirt

The Pirate, Vivienne Westwood, 1981-82 F/W

1962년 데릭 웨스트우드(Derek Westwood)와의 결혼으로 웨스트우드라는 성을 갖게 되었고 아들을 낳은 후 평범한 삶을 살았지만 1965년 데릭과 이혼 후 뮤지션인 말콤 맥라렌(Malcolm McLaren)을 만나며 그녀의 삶은 대전환을 맞게 된다. 예술학교에 다니며 패션을 사랑했던 맥라렌은 중산층 출신으로 기성세대 문화를 비웃던 전형적인 반항아로 성, 마약, 로큰롤에 심취해 있었다. 맥라렌의 영향으로 그녀는 주류 문화에 대한 반감을 갖게 되고 맥라렌과 함께 이를 패션에 표출하며 패션계에 입문하게 된다. 둘은 런던 킹스로드에 '렛잇락 (Let It Rock)'이라는 의상실을 열고, 저항 정신을 대변하는 펑크 룩 의상을 판매하며 이름을 알렸다. 펑크 락 밴드 섹스 피스톨스(Sex Pistols)의 매니저였던 맥라렌은 웨스트우드와 함께 그들의 의상에 가죽, 고무, 플라스틱 등 다양한 재료를 사용하여 저항 정신을 드러내며 1970년대 펑크스타일을 창조하는데 중요한 역할을 하였다. 1980년대에는 다양한 문화와 역사에서 영감을 받아 유럽 역사의 한 부분인 "해적(The Pirate)" 컬렉션을 통해 로맨틱 펑크스타일을 보여줬으며 원주민 문화에서 영감을 받아 "새비지(Savage)", "버팔로(Buffalo)" 컬렉션을 발표하기도 하는 등 독창적 디자인으로 예술성과 상업성을 동시에 인정받았다.

이후 그녀는 1984년 1970년대부터 이어온 맥라렌과의 동업에서 벗어나 자신만의 주체적 패션을 선보이며 기성복 디자이너로 제2도약을 시도하였다. 이는 그녀를 영국을 대표하는 패션 디자이너로 이름을 알리는 계기가 되었다.

Mini Crini, Vivienne Westwood, 1985 S/S

Two piece suit with tie, Vivienne Westwood, 1993 F/W, FIDM Museum 소장

패션계에서 늘 혁신적이고 선구자적인 이미지를 가지고 있는 비비안 웨스트우드는 "내가 진정으로 믿는 것은 문화뿐이다"라는 웨스트우드의 말처럼 역사와 전통, 문화, 섹슈얼리티 등에 관해 진지하게 탐구하였으며 이를 자신의 패션에 반영하였다. 그녀는 특히 과거의 전

통을 현대적으로 해석하는 데 남다른 감각이 있었는데 빅토리아 시대의 크리놀린 스타일을 현대화시킨 "미니 크리니(Mini Crini)"를 선보이는가 하면 영국 여왕 엘리자베스 2세로부터 영감을 받은 "해리스 트위드(Harris Tweed)" 컬렉션을 통해 전통적인 영국 테일러링을 새롭게 재탄생시켰으며 스코틀랜드 전통 복장에서 주로 사용되던 트위드와 타탄을 도입하여 그녀의 시그니처 아이템으로 만드는 등 전통을 활용한 그녀만의 독특한 스타일을 선보였다.

1990년대 이후 비비안 웨스트우드는 전 세계인들의 사랑을 받으며 글로벌 브랜드로 성장하였으며 2008년 개봉된 영화 "섹스 앤 더 시티(sex and the city)"의 주인공 사라 제시카 파커(Sarah Jessica Parker)가 입은 웨딩드레스로 전 세계에 널리 알려지기도 했다. 비비안 웨스트우드는 여전히 영국 패션계의 여왕으로 군림하고 있다.

이와 같이 세계 패션에서 성공을 거둔 명품 브랜드들은 "전통의 현대화"라는 공통점을 가지고 있다. 타국과 차별화된 고유의 독자성을 유지하면서 세계인이 공감할 수 있는 보편성을 가질 때 브랜드의 가치는 더욱 발휘된다.

Chapter 4.

한국 패션

Chapter 4.

한국 패션

우리는 '패션'하면 대부분 서양의 옷하고만 연관을 짓는다. 많은 사람들이 서양의 옷은 패션, 우리 옷은 패션이 아닌 지나간 옷으로 이원화하여 생각해왔고 현재도 그렇게 생각하는 사람들이 많다. 서양이든 동양이든 모두 각자의 전통을 갖고 있고 이 전통을 얼마나 현대 감각에 맞도록 재창조 하려고 노력했는가가 바로 현대 패션명품 뒤에 숨은 비결 중 하나였음을 우리는 전 장을 통해 살펴보았다.

앞으로 한국 패션 디자인의 발전을 위해, 남들과는 다른 옷을 제대로 된 디자인으로 만들어 내기 위해서는, 세계 패션의 흐름을 파악하는 것과 함께 서양 옷의 구조와 역사도 물론 알아야 하지만 가장 중요한 것은 우리 한국 패션의 전통, 우리 옷의 구조와 역사를 아는 것이 필요하다.

1. 한국복식의 구성과 변천

복식(服飾)은 인간 생활에서 가장 기본적인 것으로 각 민족의 오랜 역사와 더불어 생겨난 생활 문화이다. 따라서 복식 안에는 각 민족 고유의 문화적 사상이 담겨 있으며 한 민족의 사유방식을 반영한다. 인간의 사유와 철학은 조형과 밀접한 관련이 있으며 옷 뿐 아니라 어떤 형태에 나타난 조형 안에는 그것을 만든 사람의 생각이 반영되어 있다. 따라서 복식의 구조를 보면 그 민족의 의식 구조와 사유관을 알 수 있다. 즉 복식이 만들어지는 구성 원리 안에는 그 민족의 종교, 사상, 문화와 같은 철학적 관념이 그대로 표현되어 있음을 의미한다. 각각의 국가나 민족에서 전해 내려오는 고유의 전통복식은 과거로부터 이어져 온 역사성과 현재 유지되고 있다는 점에서 현재성을 모두 가지고 있다. 시대를 거듭하며 나라가 바뀌더라도 전통복식은 쉽게 변화하거나 변형되지 않으며, 외래적 요인이 반영된다 하더라도 대체로 그 기본구조를 유지하는 경향이 있다. 한국의 전통복식인 한복(韓服)은 예부터 전해 내려오는 한민족(韓民族) 고유의 복식으로 한복이 어떻게 구성되고 고대에서 조선까지 한국의 역사적 흐름에 따라 시대별로 어떻게 변해왔는지 살펴보자.

한국 복식 문화는 수천 년의 역사 속에 많은 변화를 거듭하면서 현재에 이르고 있으며 한국 복식의 시작은 고조선 이전 부족국가 성립부터 한민족과 함께 발전되어 왔다고 볼 수 있다. 한민족의 옷의 기원을 짐작하기는 어렵지만, B.C. 3000년 신석기시대 유적에서 세마(麻)섬유가 붙어 있는 가락바퀴와 뼈바늘, 물레 등이 발견되어 당시 이미 직조와 봉제 기술로 만들어진 옷을 착용하고 있었음을 짐작 할 수 있다.

삼국시대 이전 복식에 관한 기록들을 살펴보면 『동사강목(東史綱目)』 기자조선[1]에 "단군이 백성에게 머리를 땋는 편발(編髮)과 모자를 쓰는 개수(蓋首)를 가르쳤으며 군신, 남녀, 음식, 거처의 제도가 이때에 비롯하였다."고 하였으며 부여 복식에 관해서는 "흰 옷 입기를 좋아하며 소매가 넓은 흰색의 포를 착용하고 가죽신과 바지를 입었다."고 기록[2]되어 있다. 『삼국지(三國志)』 동이전(東夷傳)[3]에는 변·진 사람들이 "의복은 청결하며 머리는 길게 기른다. 이들은 광폭세포(廣幅細布)를 짜서 입는데, 법속은 특히 엄준하다."라고 하여 변·진에서 광폭세포를 제직한 사실이 나타나 일찍이 우리나라에서 삼을 재배하고 제직하는 기술이 발달해 있었음을 알 수 있다.

또한 고서(古書) ≪삼국유사(三國遺事)≫ 선도성모전(仙桃聖母傳)에 고대에 우리조상들은 매년 점찰법회(占察法会)를 열어 옷 마름질 법(재단법)을 고구(考究)했으며, 선도성모(仙桃聖母)는 하늘 군령들의 힘을 빌어 붉은 비단으로 직조하여 그의 남편에게 바쳤다는 기록을 통해 고대 우리 한민족은 우주(宇宙)의 이치를 통찰하고 이를 논리적으로 해석하여 그 원리로 옷 재단법을 연구하여 옷을 만들어 입었음을 알 수 있다.[4] 이와 같이 고조선시대부터 이미 우리 한민족은 뛰어난 직조기술을 보유하고 있었으며 복제가 상당한 수준에 이르렀음을 알 수 있다.

한국 전통복식은 크게 위에 입는 상의(上衣)와 아래에 입는 하의(下衣)로 구분하여, 상의로

---

1   ≪東史綱目≫ 己卯年 朝鮮 箕子 元年 周 武王 13, "단군이 백성에게 편발(編髮 머리를 땋다)과 개수(蓋首 모자를 쓰다)를 가르쳤으며, 군신(君臣)·남녀·음식·거처(居處)의 제도가 이때에 비롯하였다. 처음에 기주(冀州)주 동북 땅에 동이(東夷)가 살았는데, 요(堯)의 덕이 널리 입혀지매 모두 귀화하여 그들의 피복(皮服 가죽옷)을 공물(貢物)로 바쳤다. 순(舜)이 섭정(攝政)할 때에 유주(幽州)·영주(營州) 두 고을을 두어 동이들을 여기에 붙였다."

2   ≪三國志≫ 卷30 魏書30 烏丸鮮卑東夷傳 夫餘傳 "在國衣尙白 白布大袂袍袴...大人加狐狸狄白黑貂之裘..." 그 나라에서는 흰 옷을 숭상하여, 흰 베로 넓은 소매의 도포袍, 바지袴를 만들고 ... 지체 높은 사람들은 여우狐, 삵狸, 흰원숭이狄白, 검은 담비黑貂의 가죽으로 만든 옷을 덧대 입고 금과 은으로 모자를 꾸민다.

3   ≪三國志≫ 魏志東夷傳, 한국민족문화대백과, 한국학중앙연구원

4   채금석, 『한국복식문화-고대』, 경춘사, 서울, 2017

는 저고리(유, 襦)와 두루마기(포, 袍), 하의로는 바지(고, 袴)와 치마(상, 裳)를 착용한다. 남자는 주로 저고리와 바지, 여자는 저고리와 치마를 입고 그 위에 두루마기를 입는 유고상포(襦袴裳袍)를 기본으로 하며 한국 최초의 고대국가였던 고조선 시대부터 한국복식은 유고상포의 기본형을 갖추었을 것으로 생각된다. 여기에 모자인 관모(冠帽), 허리띠인 대(帶), 신발로 신목이 긴 화(靴)[5] 또는 신목이 짧은 이(履)[6]를 더하면 한국 고대복식의 기본구조가 완성된다.

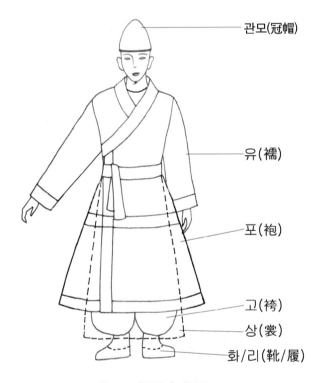

관모(冠帽)

유(襦)

포(袍)

고(袴)
상(裳)
화/리(靴/履)

한국 고대복식의 기본구조

출처 : 채금석, 한국복식문화-고대, 경춘사, 2017

한복을 이해하기 위해 먼저 한韓민족의 인종적 특징과 그 지리적 위치를 잠깐 살펴볼 필요가 있다. 한민족의 인종적 특징은 '예족', '맥족', '예맥족'의 한韓족인 우랄알타이 계통의 종족으로 북방유목민이라 정의되고 있다.[7]

---

5   화(靴) : 장화와 같이 신목이 높이 달린 신
6   이(履) : 신목이 짧은 신의 총칭
7   채금석, 『한국복식문화-고대』, 경춘사, 2017

고대 한국인들의 모습은 ≪삼국지三國志≫[8]에 한국 사람들은 "체격이 크고 굳세고 용감하며", 또한 "그 사람들의 형체는 모두 크다."고 기록[9]되어 있다. 중국 고문헌인 ≪후한서後漢書≫[10] 역시 "한국 사람들의 모습은 모두 신체가 장대하다."고 하였고, ≪양서梁書≫[11]에도 "백제인은 키가 크다"고 기록되어 있는 등 여러 국내외 문헌들이 고대 한민족을 가리켜 모두 형체가 크다고 기록하고 있는 것을 보면, 한국인들이 고대부터 크고 건강한 체격이었음을 알 수 있다.

실제로 그 출토 유골을 조사를 해보면 고대 한국 사람들의 키가 남자는 166cm-174cm, 여자는 150cm-170cm에 달하는 등[12] 당시의 타 민족들에 비해 키가 크고 우람한 체격임을 볼 때, 현재 우리 모습과 크게 다르지 않음을 알 수 있다. 그리고 고대 한국의 지리적인 위치는 현재 한국은 동북아시아에 위치하고 있지만 고대에는 현재 한반도에 국한되지 않는 광범위한 영토를 넘나들며 활발한 활약상을 펼쳤음을 알 수 있다.

고구려, 백제, 신라의 삼국 시대는 선사 시대 복식의 기본 형태를 바탕으로 하여 한국 복식의 고유 양식을 형성했으며 저고리, 바지, 치마, 두루마기 즉 유고상포를 기본으로 고구려, 백제, 신라 삼국이 대체로 흡사했음은 여러 문헌, 벽화, 출토 유물을 통해서 알 수 있다.

삼국시대 이전 복식 관련 문헌 및 유물은 매우 단편적이나 고구려 고분벽화의 인물상은 고대복식 연구의 중요한 자료로 활용되고 있다. 고구려 벽화 속 인물의 복식은 고대 한민족 기본 복식의 형태로 머리에는 관모(冠帽)[13]를 쓰고, 저고리는 엉덩이를 덮는 길이에 여밈은 주로 직선의 깃을 교차시켜 여미는 형태의 직령교임(直領交衽)으로 왼쪽 여밈(左衽)과 오른쪽 여밈(右衽)이 혼용되었다. 저고리의 깃, 소매부리, 도련에는 가선(加襈)을 두르고 바지는 대체로 통이 넓으나 바지부리를 오므린 궁고(窮袴)형, 바지부리를 오므리지 않아 입구가 큰 대구고(大口袴)형 등으로 나뉜다. 치마는 직사각형의 천을 허리에서 주름잡아 그 길이가 길고 여밈은 허리끈으로 연결한 형태로 색동치마, 밑단까지 주름 잡힌 주름치마, 가선이 달린 치마 등 그 종류가 다양하였다. 신은 주로 신목이 긴 화를 신었으며 신목이 낮은 이도 함께

8   ≪三國志≫ 卷30 魏書30 烏丸鮮卑東夷傳 夫餘傳 "其人粗大 性强勇謹厚 不寇鈔"

9   ≪三國志≫ 卷30 魏書30 烏丸鮮卑東夷傳 韓(弁辰) "弁辰...其人形皆大"

10   ≪三國志≫ 卷30 魏書30 烏丸鮮卑東夷傳 馬韓傳 "其人性强勇, 魁頭露紒, 如炅兵"

11   ≪梁書≫ 卷54 列傳48 諸夷 百濟傳 "其人形長"

12   동아일보 14면 생활/문화 기사(뉴스), 1989. 07. 01
     부산대박물관,『부산대 유적조사보고서 15집, 김해예안리고분군Ⅱ (본문편)』,1993
     최몽룡,『흙과 인류』, 도서출판 주류성, 서울, 2000, p.148

13   관모 : 머리를 보호하고 장식하기 위하여 쓰는 두의(頭衣)

신었다.

그 후 삼국통일 이전 신라 말기에 이르러 중국 복식 곧 당제(唐制) 복식의 영향으로 중국 양식이 도입되었으나 당의 복식 제도는 왕실과 귀족층 일부의 관복과 예복에만 국한되었고 평상시에는 유고상포의 한국 고유복식을 착용하였다. 이렇게 해서 생겨난 외래 복식과 고유 복식의 이중구조는 계속 이어져 한국 복식의 한 특징이 되기도 하였다. 즉 상류층에서는 외래 복식의 영향을 받았으나 서민층에서는 고유 전통복식을 이어왔다.

삼국을 통일한 통일신라는 7세기 중반부터 고려 개국까지 약 3세기를 이어오며 한국복식에 큰 변화를 가져온 중요한 시기이다. 진덕여왕 2년(A.D. 648) 김춘추가 당나라의 장복(章服)을 받아오고 다음해부터 중국의 공복제도를 따르도록 지시함으로써 복식의 이중 구조라는 독특한 복식문화를 형성하였다. 이러한 제도는 왕실이나 상류층의 관리들에게 국한되었으나 신라통일 후 문무왕 4년(A.D. 664)에는 여자의 복식도 중국의 제도에 따르게 함으로써 중국화의 영향은 빠른 속도로 한국복식문화에 들어오게 되었다. 통일 후 신라는 사회가 안정되고 평화로운 시대가 지속되었으나 해외로부터 외래품이 유입되자 부녀자들의 사치가 심해져 신분의 상·하를 구분할 수 없는 복식이 유행하였으며 흥덕왕은 재위 9년(834) 사치를 금하는 복식금제를 선포하기도 하였다.

고려의 복식은 조선 개국까지 약 5세기에 걸친 복식구조로 고려왕조 5세기 동안 중국에서는 당이 망하고 5대의 혼란기를 거쳐 송-원-명으로 이어지는 왕조 교체로 한국복식문화에도 많은 변화가 일어났다. 특히 원나라와는 국혼관계로 왕실에서부터 원의 의관제도를 따라 이때의 유습 일부는 조선조 말기까지 이어졌으나 일반인들의 기본복식인 유고상포의 변화는 크게 나타나지 않았다.

조선의 복식은 1392년부터 대한제국으로 독립되기 전까지 약 500년간의 복식구조이다. 조선시대 관복과 의례복은 명제를 수용하였으나 관복 안의 받침옷과 서민복식은 삼국시대부터 이어져 온 우리 고유복식을 그대로 착용하는 이중구조가 전대에 이어 유지되었다.[14]

조선의 복식은 임진왜란(1592-1598)과 병자호란(1636-1637) 이후 전기의 풍성한 복식에서 간소화 및 실용화된 형태로 바뀌었다. 후기에는 국가 제도의 혼란과 함께 서양문물의 유입, 실학의 대두, 상업 경제 발달로 인한 기존 신분체제 붕괴 등으로 인해 급격한 변화를 초래하였으며 이러한 사회상은 복식에도 반영되어 일부에서는 계층 간 벽이 허물어지기도 하였다.[15]

---

14 채금석, 『전통한복과 한스타일』, 지구문화사, 파주, 2012, p. 236.
15 채금석, 『전통한복과 한스타일』, 지구문화사, 파주, 2012, p. 236.

2. 한국복식의 조형적 특성

한국 전통복식의 기본구성은 저고리:유(襦)·바지:고(袴)·치마:상(裳)·두루마기:포(袍)저고리·바지·치마·두루마기로 간단하지만 착용하는 방법은 다양하고 복합적이다. 한복은 여러 겹의 옷을 겹쳐 입는 중첩성을 띠며 그 형태는 대부분 앞이 트여 여미어 입는 카프탄 형으로 여밈 방법은 직사각형의 끈을 이용하여 비틀어 돌려 얽어매도록 되어 있다.

한국 전통복식의 기본 착장은 남녀 모두 상하가 분리된 방식으로 남자는 주로 바지저고리, 여자는 치마저고리를 입고 그 위에 두루마기를 입는다. 한복은 평면재단을 특징으로 하며 평면상의 패턴이 인체에 입혀졌을 때 비로소 입체적으로 표현된다. 한국복식의 기본을 이루는 저고리·바지·치마·두루마기를 중심으로 그 조형적 특성을 살펴보면 다음과 같다.

한복 저고리는 전체적인 형태의 구조상 사각형의 반복으로 이루어져 있으며 전체적인 형태는 대칭이지만 옷의 각 부분과 착장법에 있어서 비대칭적이고 불균형적인 특성을 보인다. 바지 역시 사각형의 구조로 이루어져 허리끈과 대님 등으로 결속하게 되어 있어 체형에 따라 조절 가능한 가변성을 특징으로 하며, 신체를 구속하지 않는 풍성한 형태는 인체의 활동에 제약이 적어 편안하고 자유로운 착용이 가능하다. 치마는 사각형의 천을 이어 허리에 주름을 잡아 역시 직사각형의 끈을 달아 입는 형태로 전체적으로 하나의 보자기와 같이 인체를 여유 있게 감싸는 형태로 역시 사이즈에 구애 받지 않고 누구나 입을 수 있는 가변적인 특성을 갖고 있다. 두루마기는 저고리에서 길이가 연장된 형태로 역시 사각형의 반복을 기본으로 하여 여유롭고 풍성한 형태를 띤다.

한국 전통 복식의 구조적 특성

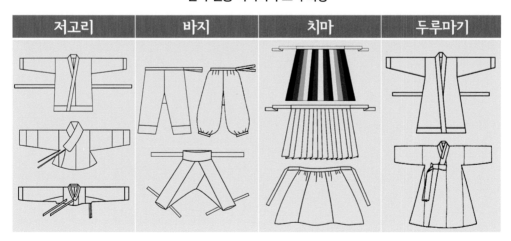

출처 : 채금석, 한국복식문화-고대, 경춘사, 2017

고조선에서부터 부여, 삼한, 가야, 고구려, 백제, 신라에 이르기까지 고대 우리민족의 사상체계는 우주의 생성원리와 기하학의 원리가 조화된 천부경(天符經)의 문자(文字)와 수리(數理)의 상징체계(象徵體系)인 원(圓, ○·天·乾·一), 방(方, □·地·坤·二), 각(角, △·人·中·三)의 천지인(天地人) 삼재사상(三才思想)에 나타나 있다. 고대 우리 옷의 기본 형태는 천지인(天地人)을 상징하는 원(○), 방(□), 각(△)의 구조로 구성되어 있으며 방형(方形:□)을 기본으로 여기에 각(角:△)과 원(圓:○)의 세부구조가 평면성과 공간성의 조형감으로 구성되어 있다.[16] 한국 고대 복식은 직선으로 마름질된 기하학 형태에 비틀고 휘고 꼬아 회전시키는 태극의 원리가 적용됨으로써 3차원의 조형성(造形性) 있는 옷으로 만들어진다. 따라서 우리 옷은 천·지·인의 이치와 형상을 바탕으로 사각형의 조화(harmony of square)로 이루어져 있으며 이는 우주의 공간세계를 형상화시킨 것이라 할 수 있다.[17]

한국 전통복식의 기층을 형성하는 사상은 한(韓)사상으로 '한(韓)'은 '하나'라는 의미와 '여럿'이라는 의미를 모두 포함하는 개념으로 한국인의 이념 세계 뿐 아니라 종교와 문화 전반에 걸쳐 그 기저를 이루고 있다. 고대 한국은 이미 '한(韓)'사상에서 '하나 속에 전체가 있고 전체 속에 하나가 있어 하나가 곧 전체이고 전체가 곧 하나이다'라는 '한'의 '하나(one)'이면서 여럿(many)'이라는 개념을 뿌리로 갖고 있었다. 한국은 고대로부터 전통적으로 한철학에 그 근원을 담아 왔으며 한국복식 역시 이러한 사상적 기반으로 형성되어 전체 속에 부분이 있고 부분 속에 전체가 있는 구조를 이룬다.

이러한 한국의 조형정신을 바탕으로 한국복식은 시대에 따라 한국복식 고유의 조형적 특징을 지니게 된다. 한국 전통복식의 기본을 이루는 유고상포는 그 구성에서 반복과 중첩을 통해 여러 개의 사각형이 조합되어 다시 큰 사각형으로 이어지는 구성방식으로 천이 옷이 되고 옷이 천이 되는, 부분이 전체가 되고, 전체는 부분을 포괄하는 자기유사적 조형원리를 나타낸다.

---

16 채금석, 『한국복식문화-고대』, 경춘사, 서울, 2017
17 채금석, 『한국복식문화-고대』, 경춘사, 서울, 2017

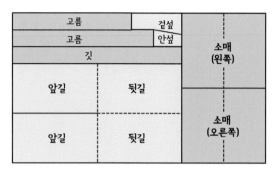

저고리 마름질

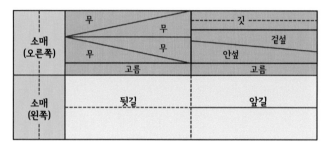

두루마기 마름질

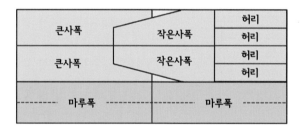

바지 마름질

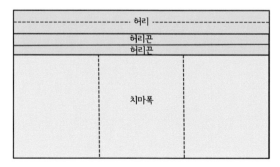

치마 마름질

한국복식의 구조적 특성을 유고상포를 중심으로 살펴보면 다음과 같다.

1) 저고리: 유(襦)

한국 전통복식의 기본 상의는 속에 입거나(내의, 內衣), 겉에 입거나(외의, 外衣), 길고 짧은 것 모두 위에 입는 웃옷과 겉옷 모두를 지칭한다.[18] 상의는 크게 저고리와 두루마기로 나뉘며 저고리는 고대 삼국부터 고려, 조선을 거쳐 가장 다양하게 변화되어온 복식 형태이다. 저고리의 기본 형태는 동일하지만 남자 저고리에 비해 여자 저고리는 시대에 따라 저고리의 길이와 품, 깃과 섶, 소매 모양 등에서 많은 변화를 보여 왔다. 따라서 저고리의 형태로 시대를 파악하기도 한다.

삼국시대에는 남녀노소, 신분 고하를 막론하고 모두가 비슷한 형태의 저고리를 착용하였다. 삼국시대 저고리는 앞이 열린 전개형으로 길이는 주로 엉덩이를 덮는 둔부선 길이에 허리에는 대를 매는 형태이다. 그 구조는 몸판을 이루는 길과 목둘레와 옷 가장자리 주변에 선을 두른다는 의미의 령금(領襟), 소매, 허리띠인 대, 가선으로 구성되며 몸판의 폭과 길이의 비는 1:1.67의 황금비를 이룬다.[19] 저고리는 목선의 형태로 그 유형을 정리하면 곧은 깃의 직령(直領), 둥근 깃의 반령(盤領), 밖으로 젖혀진 깃의 번령(飜領) 등으로 분류된다.[20] 목둘레는 주로 곧은 깃의 직령(直領)에 좌·우를 교차시켜 여미는 형태로 왼쪽으로 여며 입는 좌임(左袵)과 오른쪽으로 여며 입는 우임(右袵)이 혼재하였다. 소매형태를 보면 소매통의 크기에 따라 크게 소매통의 크기가 넓고 큰 대수(大袖)와 소매통이 좁아 팔에 밀착되는 형태인 착수(窄袖)로 나눌 수 있다. 이외에 통수는 진동과 수구의 크기가 비슷한 원통형의 경우를 말하는데, 이 역시 소매통의 넓이에 대, 소가 있다. 여밈은 주로 고름 대신 허리띠인 대로 고정시키며 깃, 수구, 도련에는 저고리 감과 다른 천으로 가선(加襈)이 둘러져 있다. 가선은 치마, 바지, 포에도 보이는 특수한 양식인데 가선방법은 무늬를 넣거나 다른 색 천을 사용함으로써 장식적 효과를 강조하고 있다. 고구려·백제·신라-삼국의 저고리 형태는 문헌과 유물 자료를 통해 볼 때, 거의 비슷하였을 것으로 추정된다.

---

18 채금석, 『한국복식문화-고대』, 경춘사, 서울, 2017,

19 채금석, 『전통한복과 한스타일』, 지구문화사, 파주, 2012

20 채금석, 『한국복식문화-고대』, 경춘사, 서울, 2017

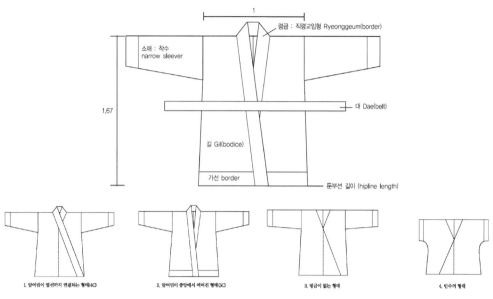

소매 : 착수
narrow sleeve

령금 : 직령교임형 Ryeonggeum(border)

대 Dae(belt)

1.67

길 Gil(bodice)

가선 border

둔부선 길이 (hipline length)

1. 앞여밈이 옆선까지 연결되는 형태(4C)　　2. 앞여밈이 중앙에서 여머진 형태(5C)　　3. 령금이 없는 형태　　4. 반수의 형태

삼국시대 저고리의 기본구조와 다양한 형태

출처 : 채금석, 전통한복과 한스타일, 지구문화사, 2012

통일신라 시기부터 저고리의 형태는 치마 길이가 길어지면서 저고리 길이는 짧아지고 품은 상대적으로 넓어지게 된다. 또한 삼국시대 저고리의 품과 길이의 비례는 대강 1:1.67의 황금비례를 보이나, 고려시대의 저고리는 길이가 점차 짧아져 품과 길이가 약 1:1의 비례미를 보이는 정방형을 이루는데, 특히 인체의 적합성을 위해 겨드랑이 밑 옆선을 ㄱ자로 파준 디테일의 창조는 우리 선조들의 과학적 사고에 입각한 놀라운 미적 감각을 보여준다.[21]

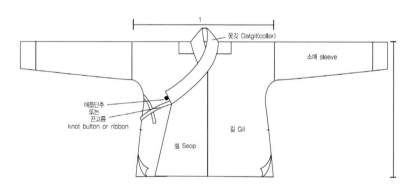

옷깃 Oatgit(collar)

소매 sleeve

매듭단추
또는
끈고름
knot button or ribbon

길 Gil

섶 Seop

고려시대 저고리의 기본구조

출처 : 채금석, 전통한복과 한스타일, 지구문화사, 2012

---

21 채금석, 『전통한복과 한스타일』, 지구문화사, 파주, 2012

조선시대에는 저고리라는 명칭이 처음 등장하였고 '저고리' 외에도 이를 지칭하는 용어들이 저고리의 길이나 형태, 용도, 착용자의 신분 등에 따라서 조금씩 다르게 불려졌다. 조선 전기 저고리는 고려시대 저고리 형태가 지속되는데 초기에는 고려시대의 정방형 저고리가 그대로 계승되면서 옷깃은 여전히 목판깃 형태이나 넓이가 보다 넓어졌고 옷고름과 섶은 큰 변화 없이 유지된다. 그러나 16세기 말 조선 중기에 접어들면서 길이가 점점 짧아지고 이에 따라 디테일이 다양하게 변화된다. 후기에 들어서는 그 길이가 극도로 짧아지는 변화를 보인다. 조선후기 저고리의 단소화는 1900년대를 전후로 절정에 이르러 저고리길이가 소매와 도련이 일직선이 되는 극단적인 유행이 있었다. 저고리 길의 품과 길이의 비례가 2:1에 가까운 수평형의 짧은 저고리 형태로 변화하게 되는데 저고리 길이가 극심하게 짧아져 겨드랑이 살을 가릴 수 없을 정도가 되자 가리개용 허리띠가 등장하기도 하였다.

이와 같은 조선시대 저고리 형태의 변화는 조선왕조 500년 동안 끊임없이 변화하는 당대의 미의식과 시대상을 반영함과 동시에, 과학적이고 균형미에 입각한 저고리의 구성미를 보여주면서 오늘날의 저고리로 이어진다. 저고리는 전체적인 형태의 구조상 대칭이지만 섶, 고름 등과 같은 옷의 각 부분과 착장법에 있어서 비대칭적이고 불균형적인 특성을 보인다.

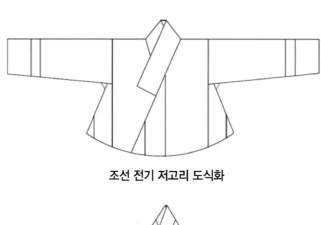

조선 전기 저고리 도식화

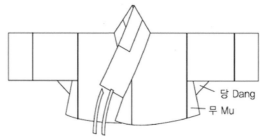

조선 중기 저고리 도식화

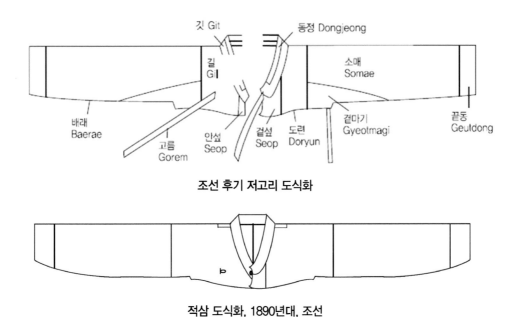

조선 후기 저고리 도식화

적삼 도식화, 1890년대, 조선

출처 : 채금석, 전통한복과 한스타일, 지구문화사, 2012

이상과 같이 저고리의 형태는 삼국시대 둔부선 길이의 몸판의 폭과 길이의 비가 1:1.67을 이루는 수직형, 고려시대는 길의 폭과 길이의 비가 1:1을 이루는 정방형, 조선시대는 단소화 현상이 일어나며 길이가 더 짧아져 품과 길이의 비가 1.67:1에서 말기로 갈수록 더 짧아져 2:1의 수평형으로 변화하게 된다. 한국복식의 기본인 치마·저고리, 바지·저고리, 두루마기 가운데 시대를 통해 가장 그 세부구조에 변화가 많았던 것이 저고리이다. 수직형에서 수평형으로 변화해가는 우리 저고리의 섬세하고 다양한 디자인을 통해 당시 우리 선조들의 드높은 미적 감각을 살펴볼 수 있다.

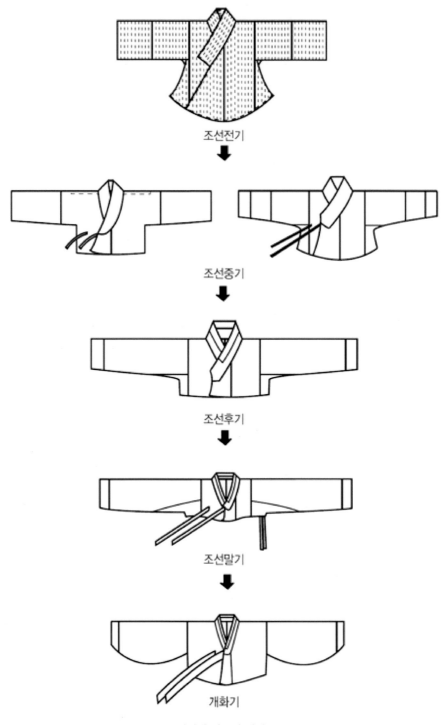

조선전기

조선중기

조선후기

조선말기

개화기

조선시대 저고리 변화

출처 : 채금석, 전통한복과 한스타일, 지구문화사, 2012

2) 바지: 고(袴)

고대 한민족의 기본 복식은 상의로는 저고리(襦)를 입고 하의로는 남녀 모두 바지(袴)를 입었는데 이러한 고유복식의 양식을 유고제(襦袴制)라 한다. 즉, 고대로부터 바지는 '고(袴)'라 하였으며 고는 유(襦)와 함께 상하(上下)·존비(尊卑)·귀천(貴賤)에 관계없이 모든 사람이 착용하던 하의(下衣)이다. 바지는 삼국시대 이전부터 착용했으며 『삼국지』에 "부여인들은 흰 천으로 만든 바지를 입고 짚신을 신었다."는 기록[22]은 한국 바지의 긴 역사를 말해준다.

김상일은 1983년에 발표한 「한(韓)철학」에서 한국의 고유사상을 대표할 만한 말을 '한(韓)'이라고 정의하였으며, 한복 바지를 '한의 꼴'[23]로 정의하였다. 이와 같이 한국 바지는 한국적인 사상이 담겨 있는 한국을 대표하는 복식으로 삼국시대부터 조선시대에 이르기까지 우리 옷의 기본 중 하나인 바지는 시대별로 그 형태의 다양한 변화가 있었다.

삼국시대는 남녀 모두 실용적이고 무풍적인 바지를 입는 특색을 갖는다. 직사각형의 끈을 이용한 결속 양식은 체형에 따라 조절 가능한 가변적 특징을 보이며, 대부분 신체를 구속하지 않는 풍성한 형태이다.

『북사(北史), 659』[24], 『주서(周書), 629』, 『수서(隋書), 696』, 『구당서(舊唐書), 945』, 『신당서(新唐書), 1060』[25], 『삼국사기(三國史記), 1145』 등의 고서에 고구려 사람들은 귀족은 물론 일반 남자들 모두 '대구고(大口袴)-바지 입구가 큰 바지'를 입었다고 되어 있고, 『남제서(南齊書), 537』[26]에는 '궁고(窮袴)'라고 기록되어 있다. 고구려 벽화를 보면 바지는 남녀 모두 신분에 관계없이 착용하고 있으며 겉옷으로 입거나 여자들은 치마 아래 입기도 하였다. 바지 형태는 왕회도 삼국사신처럼 주로 바지통이 넓고 바지부리 입구가 큰 대구고와 고구려 귀족남자가 입은 바지부리를 오므린 형태의 궁고로 크게 나뉘며 신분에 따라 바지의 폭, 길이, 옷감, 색 등을 구별했을 것이다.

고구려 벽화에 보이는 바지는 대부분 바지부리가 주름지고 오므려진 형태로 이는 기원전 1세기 발굴된 몽고의 노인울라 출토 바지와 매우 흡사하다. 한국 복식의 원류를 살피는 데 매우 중요한 기준이 되는 노인울라 출토 바지는 당시 동북아시아 의복의 전형인 '호복(胡

---

22 《三國志》 卷30 魏書30 烏丸鮮卑東夷傳 夫餘傳 "在國衣尙白 白布大袂袍袴...大人加狐狸狖白黑貂之裘..."

23 김상일, 『한철학』, 전망사, 서울, 1983, p.165
   한의 꼴 : 건축·옷·행동 같은 눈에 보이는 외형적인 것이다.

24 《北史》 卷94 列傳 高(句)麗傳 "貴者...服大袖衫, 大口袴"

25 《新唐書》 卷220 列傳 高(句)麗條 "衫筒褎, 袴大口"

26 《南齊書》 卷58 列傳39 高麗傳 "高麗俗服窮袴, 冠折風一梁謂之幘" 고리(高麗) 사람들은 가랑이가 좁은 바지를 입는다. 절풍을 머리에 쓰는데, 책이라고 한다.

服)’ 계통의 원초적 형태라 할 수 있다. 노인울라 출토 바지에는 두 가랑이가 마주 닿는 곳에 당이 달려 있고 바지부리를 주름 잡아 가는 선을 대었는데 바지 대퇴부 좌측에 가로 절개선이 특이하며 통 넓은 바지 끝을 주름잡아 오므려 가는 선 장식으로 마무리한 점이 구조적 측면에서 한국 고대 바지와 유사하다.

백제와 신라의 바지 역시 고구려와 유사한 형태로 이는 삼국 사신이 모두 등장한 왕회도 그림을 통해 확인할 수 있다. 또한 일본 정창원에 보존되어 있는 삼베로 만든 바지인 포고(布袴)의 복형(服形)에서 한국 삼국시대 바지와 매우 유사한 대구고 형의 바지 제도를 찾을 수 있다.

이 외에도 뚜렷한 바지 명칭에 관한 기록은 없으나 고구려 벽화에서 보이는 바지가랑이의 길이가 짧은 반바지 형태, 바지가랑이 사이에 사각형의 당이 부착된 사각당 부착형 바지, 고구려 벽화의 씨름하는 사람, 수박희 등에서 볼 수 있는 바지가랑이가 없는 형태 등 다양한 바지 형태가 존재했다.

고려시대 바지는 문헌 및 유물 자료가 많지 않아 그 형태를 정확히 알 수 없으나 삼국시대부터 통일신라를 이어온 바지 형태가 그대로 이어져 왔을 것으로 추정되며 문헌상의 고려 바지로는 통이 좁고 밑에 당이 달린 형태인 궁고(窮袴)와 통이 넓은 형태인 관고(寬袴)가 있다. 또한 고려시대에는 삼국시대에서 통일신라까지의 그림 자료에는 보이지 않던 직선형 통 좁은 긴 바지 형태인 세고(細袴) 혹은 착고형이 보이는데, 이는 홑겹으로 된 단고(單袴)로 추정된다. 고려시대 바지는 전술된 삼국시대 바지형 외에 미륵하생경변상도에 나타난 삼각형의 짧은 바지를 추가할 수 있는데, 이는 문헌 기록의 독비곤으로 추정된다. 독비곤의 한자어의 의미는 소의 코 형상을 한 짧은 바지로서 양 가랑이가 소의 콧구멍처럼 뻥 뚫린 형태로 짐작되며 미륵하생경변상도의 두 다리를 모두 드러낸 삼각형 바지와 같은 형상으로 추정된다.

『고려도경』에 실린 바지로는 군복인 백저궁고(白紵窮袴)를 입었다는 기록이 있으며 『고려도경』에 표현된 고려 여인이 착용한 문릉관고(文綾寬袴)의 경우 "문양이 있는 비단으로 바지를 크게 만드는데 생초(生綃)로 안감을 만들고, 크게 만들고자하는 것은 몸매가 드러나지 않게 하려는 것[27]"이라 하여 고려 여인의 바지착용 풍습을 기록하고 있다. 문양 있는 비단으로 바지를 만든 것은 여자에게도 바지가 겉옷으로 착용되었기 때문일 것이며, 몸매를 드러나지 않도록 넓은 바지를 입었다는 것은 고구려 벽화의 풍성한 바지를 입은 여성의 바지착용이

---

27 徐兢 著·趙東元 譯, 『고려도경 : 중국 송나라 사신의 눈에 비친 고려 풍경』, 황소자리, 2005, 257~8쪽, '製文綾寬袴 裏以生綃 欲基褒裕 不使箸體'.

고려까지 전해진 것으로 추정되는 부분으로 그 형태는 바지통이 넓으면서 바지부리를 오므린 형태로 추정할 수 있다.[28]

조선시대 남자 바지는 저고리와 포 아래 입는 하의이며 여자 바지는 치마 속에 착용되는 속옷으로 정착되었다.[29] '바지'라는 용어의 시작은 조선 전기 정인지(鄭麟趾)가 파지(把持)의 기록에서 찾을 수 있으며, 조선 후기 『의대발기(衣襨件記)』에 비로소 바지라는 국문적 용어가 처음 등장한다.

조선 시대 바지는 출토 유물을 통해 형태를 크게 속곳형과 사폭바지형, 과도기형[30]으로 분류하기도 하였으나, 속곳형이란 형태보다는 용도적 의미이고, 사폭형이란 구조적 의미로 볼 수 있다.

조선시대 바지 역시 사각형의 조합으로 이루어져 있으며 이는 남자가 겉으로 착용하던 사폭바지나 여자들이 속옷으로 입던 속바지류에서 모두 공통적으로 보인다. 조선 중기를 전후하여 사폭형 바지는 남자에게서만 보이며 큰사폭, 작은사폭, 마루폭, 허리로 구성되어 있다. 바지는 허리끈과 대님으로 결속하게 되어 있어 체형에 따라 조절 가능한 가변성을 특징으로 하며, 신체를 구속하지 않는 풍성한 형태는 인체 활동에 제약이 적어 편안하고 자유로운 착용이 가능하다.

조선 시대 여자 바지는 겉옷으로 착장되기보다 여러 겹의 속옷으로 입혀졌고 속옷에는 다리속곳, 속속곳, 속바지, 너른바지, 단속곳 등이 있었고 이들은 겉치마를 부풀리기 위한 서양의 '페티코트' 역할을 한 것으로 조선 시대 속옷의 수준 높은 문화를 알 수 있다. 이와 같이 조선시대 여자의 복식미는 상체는 꼭 맞으면서 하체를 부풀려 둔부가 마치 종을 엎어 놓은 듯한 상박하후(上薄下厚) 실루엣이었는데 여기에는 여러 겹 겹쳐 입는 속옷의 역할이 컸다.

한국의 바지는 서양의 바지와 구성방식에서 차이를 보이며 한국 전통 의상의 독특한 미적 특성을 나타내는 고유양식을 이루었다. 고대 바지는 두 개의 바지가랑이가 허리에서 고정되는 구조로 바지허리와 바지통 모두 사각형을 바탕으로 여기에 각형(△)의 당唐, 그리고 긴 직사각형(방형)의 끈帶으로 허리를 둘러 감는 형식으로 기하학적 면 분할에 의한 특징적 구조를 보인다.

이러한 고대바지가 점차 발전된 조선시대 사폭바지는 작은사폭, 큰사폭, 마루폭, 허리로

---

28 채금석, 『전통한복과 한스타일』, 지구문화사, 파주, 2012.

29 채금석, 『전통한복과 한스타일』, 지구문화사, 파주, 2012.

30 구남옥, 『조선시대 남자바지에 관한 연구』, 복식, Vol.52, No.7, 2002, p.50

재단되는데, 사폭바지를 만들기 위한 마름질 역시 모두 사각형을 기본으로 직사각형의 옷 감에서 사다리꼴의 작은사폭을 분리 해 낸 것을 알 수 있다. 허리는 직사각형으로 구성되며, 다리 부분은 직사각형과 사다리꼴의 기하학적 면분할에 의한 구조적 특징을 보인다. 바지는 긴 끈으로 허리를 감아서 결속하게 되어있는데 이 끈은 직사각형으로 허리벨트와 같은 형식 이다. 바지부리는 대님이라 하는 발목을 묶는 끈으로 묶게 되어 있다. 이 결속 양식은 체형 에 따라 조절 가능한 가변성을 갖으며, 신체를 구속하지 않는 풍성한 형태는 인체의 활동에 제약이 적어 편안하고 자유로운 착용이 가능할 뿐만 아니라, 대님으로 아래 부분을 단단히 고정이 가능하며, 이는 활동성과 편의성을 고려한 것이라 할 수 있다.

사폭바지를 이루는 이 각각의 모양들은 전후의 안팎이 대칭으로 180° 방향을 비틀어 연 결되어 있어 안과 밖의 구분이 없고 연속적으로 이어짐으로써 시작과 끝이 동일한 공간이 형성되는 독창적인 개념으로 구성되어 있다. 조선시대 사폭바지 뿐 아니라 단속곳, 다리속 곳 등의 속옷도 사각형을 기본으로 사각형의 반복과 조화로 이루어져 있음을 알 수 있다.

3) 치마: 상(裳)

치마는 주로 여인들이 착용하는 것으로 한국 전통치마의 형태는 고대부터 현재까지 형태 및 구조상 큰 변화 없이 직사각형의 천에 직사각형의 대를 이어 허리에 주름을 잡은 구조로 이루어져 있으며 인체의 굴곡을 따라 자연스러운 곡선의 실루엣을 이룬다.

고대 치마는 주로 상(裳) 또는 군(裙)으로 불리었는데 군은 상보다 폭을 더해서 미화시킨 것으로 고구려 고분 벽화에 나타나는 치마는 모두 여성들만이 착용한 것으로 보아 우리나라 치마는 승복 등의 특수 경우를 제외하고는 여성의 전유물이었던 것으로 보인다.[31]

『선화봉사고려도경』에 삼한시대 저상(紵裳)에 대한 기록이 있는데, "모시 치마를 만드는 데, 겉과 안이 6폭이며, 허리에 흰 천을 가로 대지 않고 두 개의 띠로 묶었다"[32] 라고 하여 삼 국시대 이전 고대 치마의 형태를 유추할 수 있다. 여기에서 '허리에 흰 천을 가로 대지 않고' 라는 구절에서, 고구려의 주름진 치마 형태에서 유추되는 '치마허리'의 존재가 삼한의 치마 에서는 없었다는 것을 알 수 있다. 치마허리 없이 두 개의 띠로 묶었다는 구절로 미루어, 6 폭의 천에 두 개의 띠를 양쪽에 대어 허리에 둘렀던 것으로 추측된다. 치마허리가 없으므로 허리에 주름은 없었을 것으로 추측되며, 허리 주름 없는 천을 둘러 입었을 경우에 전체적으

---

31 채금석, 『전통한복과 한스타일』, 지구문화사, 파주, 2012.

32 『선화봉사고려도경』권29 "紵裳之制 表裏六幅 腰不用橫帛 而繫二帶"

로 풍성한 형태가 아닌 비교적 몸에 밀착되는 직선으로 내려오는 H-line의 실루엣이었을 것으로 추측된다. 이로써 삼한시대 이전에는 사각형이나 기타의 천을 둘러 입다가, 삼한시대에 와서 직사각형의 천을 둘러 입고 두 개의 끈으로 묶었을 것이며, 이후 직사각형의 천에 치마끈이 달린 형태로 발전했을 것이다. 여기에서 더 발전하여 고구려 벽화에서 보이는 허리에 주름을 잡은 치마로 변화했을 것으로 추론 가능하며 이와 같이 삼국시대 치마는 삼한시대처럼 주름이 없는 직사각형의 형태에서 시작하여, 주름치마, 색동치마 등으로 발전되었을 것이다.[33]

삼국 통일 후 신라의 치마는 당풍(唐風)이 반영되어 삼국시대와는 다른 양상으로 전개된다. 대표적인 착장법의 변화로 치마 위에 저고리를 입는 착장방식에서 저고리 위에 치마를 입는 착장방식으로의 변화를 들 수 있다. 허리선에서 밑단으로 갈수록 넓게 A라인으로 퍼지던 삼국시대 치마의 일반적인 실루엣에서 치마를 가슴 선에서 여미어 입음으로써 slim & long 실루엣의 하이웨이스트 라인을 형성하여 보다 여성스럽고 관능적인 아름다움을 드러냄을 알 수 있다. 이러한 형태는 당대 여성 복식의 보편적인 형태로 주방의 그림 휘선사녀도에서도 볼 수 있는데 그 형태가 통일신라와 매우 유사하다.

이러한 착장 방법의 변화는 문무왕 4년(664년) '부인의복도 당 복식과 같이 하라'는 명령과 함께 이루어진 결과로 알려져 있으나 이보다 2세기나 앞선 5-6세기 황남동 토우에서 이미 치마를 가슴 바로 아래에서 착용하고 있는 것으로 보아 치마를 가슴 선에서 착용하는 방식이 당 복식 유입 전 이미 존재해왔음을 알 수 있다. 이로 볼 때 저고리 위에 치마를 착장하는 방식을 당의 영향으로만 보기에는 무리가 있으며, 다만 통일 후 당의 문화가 본격적으로 유입되면서 좀 더 보편화 된 것으로 생각된다.

고려 귀부인들은 포 안에 의·상을 입었으며 귀부인 복식 중에 『고려도경』에 '선군(旋裙)'이라는 명칭이 보이는데, 이는 특히 폭이 넓은 치마를 지칭하는 것으로, 『고려도경』에 상하귀천 없이 백저의(白紵衣)와 황상(黃裳)을 입었다는 기록[34]으로 미루어 고려에서도 삼국 시대와 유사한 치마가 계속 착용된 것으로 보인다. 고려시대의 치마를 실물로 볼 수 있는 자료는 거의 없지만 그 형태는 삼국시대부터 이어져 온 형태와 유사한 형태로 역시 직사각형의 천을 허리에서 주름잡아 허리끈을 단 형태일 것이다.

고려 귀부인들의 저고리·치마 착용방법은 크게 두 가지로 나눌 수 있는데 첫째는 통일신라 여인의 복식처럼 저고리를 먼저 착용하고 그 위에 치마를 둘러 입는 방법, 그리고 두 번

---

33 채금석, 『전통한복과 한스타일』, 지구문화사, 파주, 2012.
34 채금석, 『전통한복과 한스타일』, 지구문화사, 파주, 2012.

째는 우리 고유의 착장법과 같이 치마 위에 저고리를 착용하는 것이다. 저고리 위로 치마를 둘러 입는 통일신라의 치마 착장법이 고려 말에서 조선 건국 초기에 걸쳐 치마 위에 저고리를 입는 방법과 함께 혼재되어 사용되다가, 점차 시간이 더해감에 따라 지금과 같이 치마 위에 저고리를 입는 착장방법으로 통일되었을 것으로 추론할 수 있다.[35]

고려시대 불화인 수월관음도의 귀부인이 입고 있는 치마를 통해 고려시대 치마 형태를 볼 수 있으며 밑단에는 저고리와 같은 색상의 선을 둘렀으며, 치마 앞에 허리끈이 길게 늘어졌고 사각형의 덧상을 착용하였다.

조선시대 치마 역시 치마허리·치마끈·치마폭으로 구성되어 삼국시대에 형성된 구조와 크게 달라진 점은 없으나 다만 그 재단방식이 다양하게 변화되었다. 물론 삼국시대, 고려시대까지는 실물 없이 그림 자료로만 판단해야 하므로 한계는 있으나, 조선시대는 실물-유물자료를 통해 보다 디자인이 섬세하고 다양해졌음을 알 수 있다. 특히 주목할 점은 삼국시대에서 고려시대의 치마단에 흔히 보이는 이색(異色)의 가선치마나 주름장식가선치마, 깃털장식가선치마, 색동치마는 보이지 않고, 겉치마, 대란치마, 스란치마가 있으며, 낮은 계층에서 입는 폭이 좁고 길이가 짧은 두루치와 거들치마, 그리고 속에 입는 속치마로 대슘치마와 무지기(無足伊 : 아무리 입어도 만족할 줄 모른다)치마가 있다. 무지기치마는 3층으로 된 삼합무지기로부터 7층으로 이은 칠합무지기까지 있었으며 무지기는 속치마를 아무리 많이 끼어 입어도 만족할 줄 모른다는 의미로 조선 시대 여성들의 속옷 심리를 잘 나타내주는 말이다.

18~19세기는 길이가 매우 짧아진 저고리에 반해 상대적으로 치마는 속옷을 여러 겹 겹쳐 입어 매우 풍성하게 부풀려 착용하는 것이 유행하였다. 상체는 매우 밀착되고 짧아서 가슴이 드러날 정도로 단소화된 저고리를 착용하고, 하의로는 곡선이 풍성하게 흘러내리는 치마를 착용함으로써 조선 시대 여성들의 관능미를 엿볼 수 있다. 이러한 둔부(臀部)를 강조한 상박하후형의 차림새는 특히 사치를 부리는 것이 허용된 특수한 천민계층이었던 기녀들을 중심으로 유행하였으며, 조선후기를 대표하는 여성복식의 모습이 되었다. 치마허리와 속옷바지가 노출됨으로 해서 이때의 착장법은 속옷의 발달을 가져와 조선조 말기의 유물에는 바지의 무릎부분부터 아래까지 고급스런 옷감으로 바느질된 것을 볼 수 있다. 이러한 풍성한 실루엣을 만들기 위해 속옷을 여러 겹 착용하여 하체를 부풀렸는데 많은 속옷을 덮으려면 폭 넓은 치마가 필요했을 것이고 이런 복식 유행의 흐름은 조선후기 모든 여성의 복식 심리로 간주된다.

35 채금석, 『전통한복과 한스타일』, 지구문화사, 파주, 2012.

이상과 같이 치마는 고대부터 조선까지 막힌 곳이 없이 열려 있는 전개형으로 처음에는 사각형의 천을 둘러 입는 권의형에서 허리에 끈을 달아 입기 시작하고 허리에 주름을 잡아 입는 형태로 발전되었으며 전체적으로 하나의 보자기와 같이 인체를 여유 있게 감싸는 형태로 역시 사이즈에 구애받지 않고 누구나 입을 수 있는 가변적인 특성을 갖고 있다.

치마의 구조 역시 사각형의 반복과 조화로 이루어져 있으며 고대부터 조선까지 모두 직사각형의 치마허리·치마끈·치마폭으로 이루어지며 역시 사각형의 천의 조합으로 이루어져 있다. 삼국시대부터 치마는 사각형의 치마허리·치마끈·치마폭으로 구성되지만, 이와 같은 구조로 형성되기까지는 전술하였듯이 시대별로 여러 변천과정이 있음을 유추할 수 있으며 그 구조는 모두 사각형의 조합으로 이루어졌음을 알 수 있다.[36]

한국 치마의 변천 과정

출처 : 채금석, 전통한복과 한스타일, 지구문화사, 2012

치마는 허리에서 주름잡아 허리끈과 연결시켜 주름으로 인한 풍부한 공간미와 여유미를 갖는다. 또한 막힌 곳이 없이 트여 있는 전개형으로 이루어진 치마는 착장 방법과 움직임에 따라 다양한 실루엣을 창출하며 유동성과 신체 사이즈에 관계없이 입을 수 있는 가변성을 지니고 있다. 치마는 고대부터 조선까지 외형적으로 다양한 양태를 보여주며 발전되어왔으나 그 구조는 역시 직사각형을 바탕으로 구성되어 있음을 알 수 있다.

---

36 채금석, 『전통한복과 한스타일』, 지구문화사, 파주, 2012.

4) 두루마기: 포(袍)

한국복식사에서 두루마기-포의 개념은 '방한이나 의례를 목적으로 덧입는 길이가 긴 겉옷'을 의미하며 한국 전통복식에는 용도에 따라 다양한 종류의 포가 애용되었다. 포는 여유롭고 풍성한 형태로 복식의 완결을 이루며 고대시대부터 남·녀 모두 겉옷으로 착용하였으며 저고리 형에서 길이만 길게 연장된 형태로 사각형의 조합으로 이루어져 저고리와 그 형태가 거의 유사하다.

고대 한국의 포에 대한 첫 기록은 『삼국지(三國志)』[37]에 '부여 사람들은 무늬가 없는 의복을 숭상하여, 무늬 없는 삼베-포(布)로 만든 큰 소매의 포와 바지를 입고, 가죽신을 신는다.'고 하여 포를 언급하고 있다. 고구려의 포에 관한 문헌기록은 찾을 수 없으나 고구려 벽화를 통해 그 형태를 확인할 수 있으며 백제의 포는 대수자포(大袖紫袍)[38], 부인의사포(婦人衣似袍)[39]의 기록에서 찾아볼 수 있다. 신라의 포는 법흥왕의 방포(方袍)[40]에 관한 기록[41]이 있고, 통일신라기 흥덕왕 복식금제에 겉옷이란 의미의 표의(表衣)의 기록, 신라의 복식이 고구려 및 백제의 복식과 대략 비슷했다는 고서기록[42] 등을 통해 볼 때 신분이나 의식, 의례용도, 혹은 방한 목적으로 포를 입은 것으로 사료된다.

포에 대해 『석명(釋名)』은 '포는 남자가 입는 것으로 그 길이는 발등에 이른다. 포는 싸는 것이며, 싸는 포는 내의(內衣)이다.'[43]라고 되어 있어 문헌과 시각유물을 토대하여 고대 남자의 포는 발등을 덮는 길이에 소매가 큰 형태임을 짐작할 수 있다.[44]

삼국시대 포의 형태는 유물자료들을 참고하여 포의 목선 모양을 기준으로 앞이 막힌 전폐형과 앞이 트인 전개형으로 분류되며 네크라인 형태에 따라 직령의 옷깃이 서로 합쳐진 V자

---

37 ≪三國志≫ 卷30 烏丸鮮卑東夷傳 夫餘傳 "在國衣尚白, 白布大袂袍·袴, 履革鞜"

38 ≪舊唐書≫ 卷199 東夷列傳 百濟傳 "其王服大袖紫袍"
    ≪新唐書≫ 卷220 列傳 百濟傳 "王服大袖紫袍"
    ≪三國史記≫ 卷24 百濟本紀 古尒王 28年條 "王服大袖紫袍"

39 ≪周書≫ 卷49 列傳 異域上 百濟傳 "婦人衣似袍而袖微大"

40 비구(比丘)가 입는 3종의 가사(袈裟)가 모두 방형(方形)인데서 나온 말, 한국고전용어사전.

41 ≪동사강목≫ 제 3 상, 535년(신라 법흥왕 22년) 여름 5월 신라가 흥륜사(興輪寺)를 창건하였다. 왕이 불법을 행한 뒤로부터 면류관(冕旒冠)을 쓰지 않고 방포[方袍 비구(比丘)가 입는 가사(袈裟)]를 입으며, 궁척(宮戚)을 사찰의 노예로 주었다.

42 ≪隋書≫ 卷81 列傳 新羅傳, ≪北史≫ 卷94 列傳 新羅傳, ≪南史≫ 卷79 列傳 新羅傳, "風俗·刑政·衣服略與高麗·百濟同.", ≪舊唐書≫ 卷199 東夷列傳 新羅傳, "其風俗·刑法·衣服, 與高麗·百濟略同, 而朝服尚白."

43 ≪釋名≫ "袍 丈夫著 下至跗者也 袍 苞也 苞 內衣也 婦人以絳作衣裳 上下連 四起施緣 亦曰袍 義亦然也"

44 채금석, 『한국복식문화-고대편』, 경춘사, 서울, 2017

형의 전폐형 포를 의미하는 직령합임포(直領合衽袍), 직선형의 깃이 서로 교차되어 여미어진 직령교임포(直領交衽袍), 통일신라 토용에서 보이는 목선이 둥근 깃의 단령포(團領袍)로 나뉘며 소매 형태는 진동에서 수구로 좁아지는 사선배래 형태, 진동에서 수구로 넓어지는 역사선배래 형태, 진동과 수구가 같은 통수 등 다양하다.

삼국시대의 포는 고려 시대 흰 빛깔의 모시인 백저포(白苧袍)로 이어져 왕실과 귀족 관료 및 평민의 평상복으로 착용되었으며, 고려 시대 포의 제도에 관해서는 인종 1년(1123) 고려에 왔던 송 사신인 서긍(徐兢)의 견문록인『고려도경』의 내용에 의존하는데, 이에 의하면 국왕도 평상시에는 조건에 백저포를 착용하여 일반 서민과 다름이 없었으며 남녀의 포가 비슷하였다고 한다.

평상시 착용복으로서의 포 외에 관복이나 예복용 포가 있어 그 직위 및 용도에 따라 다양한 모양으로 전개된다. 포의 종류는 옷깃의 둥글고 곧음, 무의 유무, 뒤트임과 옆트임의 유무, 소매의 넓고 좁음 등에 따라 다양하며 그 중 직령(直領)의 포는 단령의 옷깃이 둥근데 비해 옷깃이 곧게 생겼다는 데서 이름 지어진 것으로, 고려말 대제학을 지낸 이조년(1269-1343)의 영정 및, 그의 아들 이포 영정에서 직령을 착용한 사례가 보여 당시 보편적으로 입혀지고 있었던 것으로 보인다. 고려 말, 조선 초의 성리학자 길재의 초상을 보면 오른쪽 여밈의 직령포 착용 사례를 찾을 수 있는데, 짙게 어두운 선으로 처리된 깃에 동정이 달려있음이 보이며, 허리부분 깃의 선보다는 그 너비가 좁은 대로서 고정한 모습이 보인다. 두 손을 모아 공수(拱手) 자세로 앉아있는데, 소매통이 그리 넓지 않고 앉은 자세로 추측한 포의 길이는 주름의 형태로 보아 긴 형으로 추측이 가능하다.

두루마기는 한국 복식에서 외출할 때 가장 위에 입는 옷으로 터진 곳이 없이 두루 막혔다는 의미로 주의(周衣)라고도 한다. 삼국시대 우리의 기본 포를 계속 착용하면서 두루마기가 되었고 현대까지도 계속해서 입혀지고 있으며 조선시대 두루마기의 형태는 남녀 모두 유사하다.

저고리 구조에 길이만 연장된 두루마기 역시 그 구조는 마찬가지로 직사각형의 조합으로 이루어져 있다. 고대 포의 구조는 앞길, 뒷길, 소매, 깃, 가선이 모두 다양한 크기와 길이의 직사각형으로 되어 있음을 알 수 있으며 조선시대 두루마기 역시 그 마름질과 구성을 보면 동정, 길, 섶, 무, 소매, 고름 모두 직사각형과 삼각형의 조합으로 이루어져 있다.

이상 저고리, 바지, 치마의 시대적 흐름을 표로 정리하였다.

우리 옷의 기본구성이 이와 같이 사각형을 바탕으로 삼각형, 원형, 마름모꼴 등의 기하학적 특징을 활용한 옷임을 인식하여 이를 현대 감각에 맞게 재탄생시키는 시도를 거듭하다보면 다양한 감성의 현대 패션으로 거듭날 수 있다. 우리는 지금까지 한복의 외형에만 집착한 채 한복이라는 어휘에서 자유롭지 못하면서 한(韓)-style을 창출해내려고 고민하고 있다. 그러나 계속 노력하다보면 한국복식의 미래 가치는 그 어떤 분야보다 밝다고 생각한다. 한국복식은 우리 패션의 미래를 풀어갈 디자인의 보고이다.

시대별 저고리 디자인 세부구조
Detailed Structures of Jeogori Design of the Times

구분	저고리 형태		세부구조	색채, 문양, 소재
삼국시대		1 1.67 수직형 = 황금비례	령금 길 소매 가선 대	황색 계열 청색 계열 홍색 계열 마름모형 타원형 원형 모직물, 견직물, 마직물
고려시대		1 1 정방형 약 1:1비례	옷깃(동정) 길 섶 소매 고름 (단추)	소색 계열 황색 계열 녹색 계열 자색 계열 운문 연화문 근화문 견직물 마직물

126

구분		저고리 형태		세부구조	색채, 문양, 소재		
조선시대	전기		**1** 1 정방형	깃 동정 길 섶 소매 무, 곁마기 끝동 고름	 백색 계열	 황색 계열	
	중기		**1.67** 1 수평형		 청색 계열	 자색 계열	 연두 계열
	후기		**2** 1 수평형		 운문	 화문	 동물문
	말기				 면직물	 견직물	 마직물

※본 비례치는 대략의 수치임을 밝힙니다.

출처 : 채금석, 전통한복과 한스타일, 지구문화사, 2012

시대별 바지 디자인 세부구조
Detailed Structures of Baji Design of the Times

구분	저고리 형태			세부구조	색채, 문양, 소재
삼국시대	당이 달리고, 바지 부리를 오므린 형 : 궁고, 관고			바지허리 허리끈 바지통 가선 당	소색 계열 황색 계열 갈색 계열 홍색 계열 녹색 계열 흑색 계열
	바지통이 넓고 부리가 개방된 직선형 : 대구고, 관고				
	바지통이 좁고 부리가 개방된 직선형 : 세고, 착고				
	바지부리를 끈으로 감아 올린형 : 각반형, 행전형				견직물, 면직물, 모직물, 마직물 피혁제
	직사각형 당부 착형				
	가랑이 짧은 형: 곤			바지허리 허리끈 바지통 당	
	가랑이 없는 형			바지허리	

구분	저고리 형태		세부구조	색채, 문양, 소재
고려시대	가랑이 없는형 : 독비곤		바지허리	백색 계열 / 소색 계열 / 황색 계열 / 갈색 계열
	홑겹형 : 단고		바지허리 허리끈 바지통 당	
	직선의 통좁은형 : 세고, 착고		바지허리 허리끈 바지통 당	문양이 있는 비단으로 바지를만 든 기록은 있으나 문양 형태는 추정불가 / 능직물, 견직물, 면직물, 마직물
조선시대	사폭형		허리 큰사폭 작은사폭 마루폭	황색 계열 / 갈색 계열 / 백색 계열 / 소색 계열 화문 식물문 운문
	밑이 개방된 당 부착형 : 개당고		바지허리 바지통 당	
	밑이 막힌 당 부착형 : 합당고		바지허리 허리끈 바지통 당	면직물 견직물 마직물
	버선부착형 : 말군		바지허리 허리끈 어깨끈 바지통	

출처 : 채금석, 전통한복과 한스타일, 지구문화사, 2012

시대별 치마 디자인 세부구조
Detailed Structures of Chima Design of the Times

구분	저고리 형태			세부구조	색채, 문양, 소재
삼국시대	주름치마			치마끈 치마허리 치마	소색 계열 황색 계열 색동
	가선주름치마				
	깃털가선치마				
	주름가선치마				견직물 마직물 식물문양 타원문양
	색동치마				
고려시대	치마				홍색 계열　황색 계열 견직물, 면직물, 화문

구분	저고리 형태			세부구조	색채, 문양, 소재
조선시대	대란치마			치마끈 치마허리 치마	청색 계열 소색 계열 홍색 계열 견직물 면직물 화문 식물문 운문 봉황문
	스란치마				
	대슘 치마				
	무지기 치마				
	거들 치마				
	두루치				

출처 : 채금석, 전통한복과 한스타일, 지구문화사, 2012

Chapter 5.

패션과 전통

Chapter 5.

패션과 전통

"溫故而知新"

孔子 (BC 551 ~ BC 479) ‒

    문화 혁명의 시기인 21세기는 문화 이미지가 중요시되는 시대로 문화 선진국들은 자국의 전통과 고유문화를 바탕으로 상품을 개발하여 세계시장을 공략하고 있다. 현재 한국문화는 '한류(韓流)'라는 이름으로 그 영향력이 확대되고 있으며 이는 한국제품의 수출 증가와 해외에서 한국에 대한 인지도를 향상시키는 요인으로 작용하고 있다. 한류는 한국 정부의 전폭적 지원에 힘입어 신(新)한류로 성장하고 있으며 이를 통해 한국 문화와 한(韓)스타일이 글로벌 문화트렌드로 세계 곳곳에서 받아들여지고 있다.

    세계는 지금 신한류의 바람을 타고 한국 문화에 관심을 갖고 다가오고 있으며 물적 자원이 부족한 한국에서 전통 문화 산업은 우리나라의 성장과 고용 창출을 이끌 고부가가치 성장 산업으로 주목받고 있다. 그러나 우리는 세계인들에게 한국 문화가 가진 정체성을 어떻게 설명하고 보여줄지에 대해 체계적이지 못하다. 한국 문화산업의 일시적 유행에 그치는 한류가 아닌 세계 문화의 중심으로 신한류를 성장시키기 위해서, 지금부터라도 우리는 한국 전통 문화가 갖고 있는 정체성, 그 안에 깃든 고품격 정신세계, 세계적인 가치를 정립해 나가는 과정이 필요하다.

그렇다면 전통(傳統)이란 무엇일까? 학자마다의 해석에 차이가 있지만 말 그대로를 풀이하면 전하여(傳) 내려오는(統) 것, 즉 과거의 것이지만 현재와 연속적으로 연결되어 있는 것을 의미한다. 역사적으로 전해 내려오는 사상·관습·행동 등의 양식, 현재 속에 살아 있는 과거, 과거로부터 연속되는 것을 우리는 전통이라 부르는 것이다. 이러한 전통은 패션에 있어 많은 사람들이 선호하는 현대 해외 명품 브랜드의 역사와 그 존재 이유가 되는데, 명품 브랜드들의 뿌리를 살펴보면 그 안에 전통의 보존과 재창조가 있다는 것을 쉽게 알 수 있다.

패션 디자인에 있어 전통은 매우 중요한 키워드이다.

세계화의 진전과 더불어 타국과 차별화되는 전통문화의 활용과 개발은 국제 패션 산업 경쟁력 강화에 매우 유용한 방법이 될 수 있으며, 이를 어떻게 패션 상품으로 개발할 것인지에 관한 문제는 오늘날 중요한 과제 중 하나이다. 특히 서구 문화권에서 동양문화 속에 내재된 심오한 아름다움에 대한 관심이 증폭되는 가운데 동양복식이 세계인들의 시대감각에 맞게 새롭게 진화된 "Re-Orienting Fashion"이라는 이름으로 세계 패션에 부각되고 있다. 그간 중국을 비롯한 동양 여러 나라들은 전통의 세계화에 부단한 노력을 기울여 왔고 이는 세계 속에 Chinese Style, Japanese Style이라는 패션 트렌드를 만들어냈다. 그러나 한국 패션의 현실은 어떠한가? 어떻게 하면 한국적인 패션을 세계 속에 그들이 좋아할 수 있는 스타일로 만들어 낼 수 있을까?

1. Korean style을 세계로

1990년대부터 주목받기 시작한 "한류 열풍"은 한국적인 것이 얼마나 중요한지를 우리에게 일깨워 주었고, 패션에 있어서도 우리 옷의 역사는 단순히 복식사 차원을 넘어서서 그 형태와 구조를 디자인 측면에서 재해석하여 이를 현대 패션으로 재창조해야하는 필요성이 요구되고 있다.

해외 패션명품 중 많은 브랜드들이 그 디자인의 근원을 자신들의 전통 복식에 두고 이를 토대하여 현대화하는 작업을 거쳐 만들어진다. 따라서 그들의 패션은 그들 전통 문화 그 자체이므로, 우리가 그들보다 능가한 제품을 만들기는 쉽지 않다. 우리가 그들의 패션을 따라 쫓아간다한들 한계가 있다. 더구나 세계패션계의 관심도 '동양적 모드'에 관심을 돌린 지 오래전이고, 이 가운데 일본, 중국, 인도 등 동양권 각 나라들은 자국의 전통을 바탕으로 한 패션을 세계 시장에 내놓아 자국문화의 정체성을 확고히 하고 있다. Chinese Style, Japanese Style 등이 바로 그것이다.

일본과 중국을 중심으로 확산되던 한류 열풍 현상이 최근 몇 년 전부터 주춤하며 반(反)한류가 형성되기도 했지만 세계 속 한류의 바람은 여전히 거세다. 이러한 상황 속에 우리는 한국적 패션을 어떻게 풀어야 할까?

먼저 시대마다의 우리 전통 옷의 형태, 구조는 보존하되, 이를 세계인들이 입을 수 있는 패션 감각으로 풀어나갈 수 있는 감성을 키우는 것이 중요하다. 그간 패션 분야의 학교 교육은 서구 문화 위주의 서양 복식사, 패션 미학, 트렌드 연구는 많아도 정작 한국 전통의 미학, 한국복식의 미(美)에는 문외한이 되어 가고 있다. 이제부터라도 우리는 한국적인 것이 가장 세계적인 것임을 인식하고 한국의 정체성을 바로 알아야 한다. 그러기 위해서는 한국미의 시대적 정체성, 한국문화에 내재된 미의식 등에 관해 많은 공부를 해야 하며 이에 수반하여 서양 패션 문화를 함께 공부해야한다. 한국의 문화감각을 세계인들이 좋아하는 보편성의 감각으로 풀어낼 때 비로소 세계적인 한국명품 패션이 탄생될 수 있을 것이다.

최근 수년간, 십 수 년 동안 해외에서 유학하며 해외 패션 시장에서 활동하던 사람들이 속속 한국으로 돌아와 '한복 연구'를 하고 있다. 이들의 이러한 변화는 왜 시작된 것일까? 그들은 외국에서 패션을 공부하고 활동하다보니 그들의 문화와는 색다른 그 무엇을 만들어낼 필요성을 느꼈고, 그런 가운데 우리 한복이 아주 중요한 '패션 모티브'라는 것을 자각했기 때문이다. 패션은 변화를 요구하고 그 변화는 새로운 것을 향해서 달리고 있는데, 서양 패션계에 '한국적'인 것은 아직 생소하고 디자인의 무궁무진한 가능성의 보고라는 것을 깨달았기 때문이라는 것이다.

이러한 시점에서 우리는 한국의 고대, 고려, 조선의 미의식을 이해하고 그 시대마다의 패션의 특성을 서양패션과 접목하여 한국만의 독창적인 패션을 만들어 세계 패션시장에 Korean Style을 정착시켜야 한다.

그리고 '자국적'인 것이 '세계적'인 것이라는 것을 깊이 새겨 '한국의 전통'을 세계인들에게 그들과 다른 그 무엇을 보여줄 수 있는 흥미와 매력의 키워드로 활용해야 한다.

2. 서양 패션에 나타난 동양적 요소

서양 패션에 동양적 요소가 나타나기 시작한 것은 언제일까?

정확한 문헌 기록으로 남아 있는 것은 아니지만 이미 기원전 2세기경부터 실크로드를 통한 인도의 보석, 진주, 면 등과 함께 중국산 실크가 로마로 수입되면서 서양 패션에 동양적 요소가 반영되기 시작했다. 로마에서는 황실전용 견직물 직조공장을 세워 유럽에서 처음으로 비단을 직조하기도 했다. 비잔틴 시대로 넘어가면서 동·서양은 활발한 무역을 통해 동양, 이슬람 복식이 서양으로 전파되기도 하였으며 페르시아의 화려한 색채감과 중국의 실크 등은 비잔틴 복식의 특징적인 요소로 나타나게 된다. 십자군 전쟁을 통해 카프탄형 앞트임 의복이 도입되어 단추와 의복의 가장자리 장식선이 등장한 것도 이때이다. 수천 년 동안 기마 생활을 하던 한국을 포함한 북방 유목민족(동양)에서 착용되었던 바지 역시 비잔틴 시대에 서양으로 전해졌으며 색동장식이나 목이 긴 신인 '화(靴)'(동북아시아 북방계민족의 대표적인 신발) 역시 동양에서 비잔틴 시대 서양으로 전파되었다.

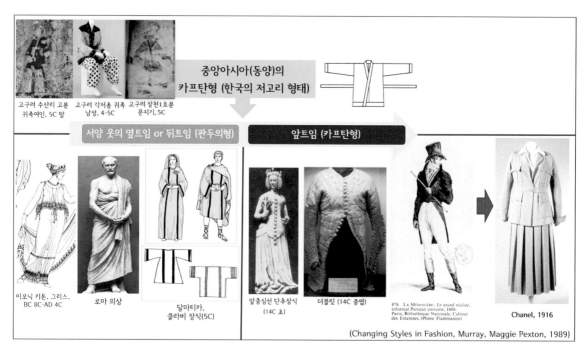

서양 재킷의 원형

르네상스 시대에는 신항로 개척과 신대륙 발견을 통해 아시아에서 수입한 염료와 염색기술은 유럽의 염료개발에 큰 도움을 주었으며 17세기 영국, 프랑스, 네덜란드의 동인도회사 설립으로 카프탄스타일 가운과 일본, 중국에서 온 화려한 복식 등이 서양에 소개되었다. 인도의 목면에 날염한 인디엔느(Indienne)는 그 당시 귀족 의상에만 사용되어졌으며 인디엔느는 사치성향으로 인해 금령이 내려지기도 했다. 18세기 유럽각지의 상류계급 사이에서 이국취향이 유행하기 시작하면서 시누아즈리(chinoiserie)로 불리는 중국취미, 튀르크리로 불리는 터키취미 등이 문예전반의 주제로 등장하였다. 특히 중국취미가 유행하면서 중국 실크가 프랑스 견직물에 큰 영향을 주어 로코코 패션의 특징 중 하나를 이루기도 하였다.

로코코 시대 시누아즈리 의상

인디엔느(Indienne)

1851년 런던의 만국박람회는 세계적인 유통의 장이 되어 이국문화를 널리 알리는 매개가 되었으며 1855년 일본의 문호 개방으로 인해 일본풍에 대한 관심이 증가하였다.

Kimono dressing gown, 19C

20세기 들어 1909년 러시아 발레단의 Leon Bakst(1866-1924. 러시아 출신의 무대미술가, 화가)의 동양풍 디자인, 폴 푸아레(Paul Poiret)의 동양풍 모드(터키 스타일의 터번, 호블 스커트, 하렘팬츠, 기모노 풍의 튜닉 등)가 크게 유행하였으며 1931년 파리 식민지 박람회로 인해 이국적 모드와 민속적 모드가 소개되기도 하였다. 여기에서 흥미로운 점은 레온 박스트와 폴 푸아레가 이 당시 선보인 하렘팬츠나 기모노풍의 튜닉은 한국 고대 복식의 보편적 스타일로 고대 삼국의 저고리, 바지(궁고窮袴)와 유사성을 보인다. 그러나 서양 패션계에 페르시안 팬츠로, 기모노 스타일로만 알려져 있어 아쉬움이 남는다.

Costume Study for Nijinsky in his role,
Leon Bakst, 1866–1924

Costume Design for 'Scheherazade'
– Leon Bakst

Paul Poiret, 1908

Paul Poiret, 1913

귀족남자 궁고, 4C말~5C초,
고구려 무용총

문지기, 고구려, 장천 1호분, 5C

1950년대에는 크리스티안 디오르(Christian Dior)와 발렌시아가(Balenciaga) 등이 중국풍 이미지의 만다린 카라, 카프탄 스타일의 직선적 목선의 여밈 재킷, 중국 노동자의 쿨리 햇coolie hat 등을 디자인에 도입하였다. 이후 포스트모더니즘의 등장과 함께 수많은 서양 디자이너들이 동양에서 영감을 받은 디자인들을 계속적으로 선보이고 있다.

Nagasaki Bodice, John Galliano for Christian Dior
Fall 2003 Ready-to-wear, FIDM Museum

3. 동양의 아름다움에 빠지다 - 세계 패션에 흐르는 Re-Orienting 현상

정형화되고 눈에 보이는 현상만을 중시하는 서양의 정신문화에 한계를 느낀 것일까? 다이애나 황태자비가 살와르 카미즈(Salwar Kameez)를 입은 것이 언론에 화제가 되며 뉴욕타임스(The New York Times)에 'Indo-chic'라는 단어가 등장하여 유행하는가 하면 세계 패션 리더들이 모인 뉴욕에서는 한문이 쓰인 티셔츠가 선풍적인 인기를 끌었고, 미국의 팝 디바 브리트니스피어스는 한글이 적힌 의상을 입고 다니기까지 하였다.

이와 같이 1990년대에 아시아 패션은 획기적인 세계 트렌드가 되었으며 서양의 유명 패션디자이너들은 이에 동양복식에서 영감을 얻어 동양복식을 세계인의 미적 감각에 맞도록 재탄생 시킨 패션을 선보여 왔다.

"Indo-chic", "ethnic chic"
Shalwar kameez(Punjabi suit)를 입은 다이애나비, 1990's

베르사체(Versace)는 1981년 S/S 컬렉션에서 인도와 파키스탄의 전통복을 응용한 작품을 발표하였으며 돌체앤가바나(Dolce&Gabbana)는 인도네시아의 사롱(sarong)과 함께, 힌두교도에 대한 경의를 표하는 흰 면내의를 선보였고, 드리스 반 노튼(Dries Van Noten)은 1997년 S/S 컬렉션에서 살와르 카미즈를 연상시키는 작품을 발표하였다.

최근 글로벌 명품 브랜드들이 한국을 포함한 동양의 아름다움에 빠져있다. 동양의 감성을 새롭게 느낀 디자이너들이 한국 및 일본 전통 등에서 영감을 받아 동양적 패션을 선보이고

있는데 글로벌 패션브랜드에서 동양적인 아름다움을 활용하는 사례는 더욱 빠르게 늘어날
것으로 전망되고 있다.

　뉴욕 상류사회의 자존심으로 불리는 캐롤리나 헤레라(Carolina Herrera)나 샤넬의 칼
라거펠트(Karl Lagerfeld)는 한국 전통복식, 복주머니, 조각보 등에서 영감을 받아 한국적
컬렉션을 발표하는가 하면 이탈리아 명품 브랜드 펜디(Fendi)는 18세기 일본 정원에서 영
감을 받은 제품들을 선보였고, 역시 이탈리아 명품 여성복 브랜드 안토넬리 (Antonelli)는
2016 F/W 상품으로 일본 전통 기모노에서 영감을 받은 울 재킷과 볼레로 등을 전략 상품
으로 내놓았다. 20세기 초 유행했던 서양의 니커보커스(knickerbockers)는 한국 고대 궁

Carolina Herrera, 2011 S/S

Chanel Cruise, 2016 S/S

고(窮袴)와 유사하며 최근 유행한 바지통이 넓은 와이드 팬츠는 한국 고대의 대구고(大口袴), 조선시대의 너른바지와 유사성을 보인다.

이러한 흐름에 맞춰 아시아의 디자이너들 또한 더 이상 서양패션을 모방하지 않고 자국의 전통복식을 현대패션에 접목시켜 나가고 있다.

Chanel Cruise,
2016 S/S Pre-collection

18세기 일본 정원에서 영감을 받은
펜디 가방, 2016 F/W

Antonelli, 2016 F/W

니커보커스(knickerbockers)를 입은 남자들,
1910~20

귀족남자와 시종의 궁고, 고구려, 무용총,
4C말~5C초

Victoria Beckham, 2015 F/W

덕혜옹주 너른바지,
일본 문화학원 복식박물관 소장

　이렇듯 세계패션의 흐름은 새로운 방향으로 바뀌어가고 있으며, 세계화라는 과정을 통해 동양 복식이 동양인들을 새롭게 바꾸어가는 일명 "Re-Orienting Fashion"의 시대가 열린 것이다.

　이미 일본은 1970년대에 다카다 겐조(Takada Kenzo), 이세이미야케(Issey Miyake), 레이 카와쿠보(Kawakubo Rei)를 필두로 한 자국적 이미지의 패션으로 세계패션 주도국으로 급성장하였으며 중국 역시 치파오를 중심으로 한 독특한 패션스타일로 세계의 주목을 받고 있다. 따라서 우리의 노력은 그 어느 때보다 중요하다.

동양의 각 나라들은 전통 의상을 어떻게 세계화시키고 있을까?

일본의 경우 자국의 전통복인 기모노를 현대생활 속에서 일찍이 생활화하고, 일본 전통적 이미지의 휴식복을 문화상품으로 개발하여 큰 홍보효과를 거두고 있다. '유카타(浴衣)'라는 옷은 기모노를 간편하게 변형시킨 형태로 특히 일본의 호텔이나 온천지역의 숙박업소에서는 투숙한 외국 방문객들에게 이국취향을 불러일으키면서 자국의 이미지를 강하게 전달하는 관광 상품으로 정착시켰다. 이와 같이 생활 속에서의 전통복의 활용을 위한 노력이 일본을 세계 패션 강국으로 올라서게 한 중요한 요인임을 우리는 알아야 한다.

중국 또한 최근 세계 패션시장에서 그 위력이 만만치 않다. 이미 발렌티노, 알렉산더 맥퀸, 존 갈리아노 등의 패션디자이너들이 자신들의 작품에 중국 전통복식의 재단과 디테일 등을 활용하였다. 장삼(旗袍, 치파오)이라는 전통복식을 현대적인 소재, 색상, 문양과 함께 몸에 밀착되는 기능적 실루엣으로 변형시키면서 만다린 카라, 스커트 옆 절개선, 매듭단추, 사선 여밈 등 중국의 이미지를 표현할 수 있는 요소들을 강조함으로써 "치파오"라는 중국의 패션문화상품을 개발하는데 성공하였다.

이렇듯 1990년대 이후, 서구사회에 신비롭게만 인식되어왔던 동양 전통복식은 세계인의 미적 감각에 맞도록 재해석되면서 "리오리엔팅 패션"이라는 새로운 디자인 주류를 탄생시켰다. 이 가운데 일본, 중국의 Japanese style, Chinese style은 반복되는 패션트렌드로 부상되어 왔지만, 한국은 패션보다는 미디어 중심의 한류로 주목받고 있다고 할 수 있다. 현재 한국 드라마나 영화 등 영상물이 아시아와 전 세계에 한류를 일으키며 주목을 받으면서, 그리고 수많은 한국의 패션디자이너들이 세계 패션시장에 뛰어들면서 한복의 세계화도 그 가능성을 입증 받고 있지만, 그럼에도 불구하고, 아직 우리 옷은 세계 패션계에 Korean style을 만들어 낼 만큼 큰 인상을 주지는 못하고 있다. 그 이유는 기모노, 치파오 패션과 차별화된 현대감각의 한국적 디테일을 아직 제시하지 못한데 그 원인이 있을 것이다.

한·중·일 삼국의 전통의상은 유사하다. 세 나라 전통의상의 겉모습은 다르지만 세 나라 전통의상 모두 옷을 펼치면 T자형으로, 앞이 트여있고 허리에는 대를 매는 스타일인 '카프탄(Caftan)'형을 그 기본으로 하고 있다. 그러나 외형적으로 카프탄 형의 특징을 공유하고 있지만 세부적으로 차이점이 있다. 한국 전통복식은 밑이 막힌 바지와 엉덩이 길이의 저고리로 이루어진 투피스 중심인데, 여자는 이 위에 치마를 입었고 다양한 변화를 거쳐 현재의 한복 형태로 발전되었다. 중국은 둘러 감아 입는 종아리 길이의 원피스 형 긴 저고리에 밑이

터진 바지를 입었는데, 이는 청나라시대 길고 앞이 막힌 넉넉한 포 형태의 치파오로 변모해
갔다. 우리 옷은 5세기경 일본에 전해져 최초의 한류를 일으키며 일본 복식 발전의 중심축
으로 부각되었다. 이후 일본 복식은 8세기경 중국 당 문화가 유입되면서 투피스 형에서 원
피스 형으로 변화되었고 이것이 오늘날 그들의 기모노가 되었다.

'카프탄 형'을 기본으로 한 한·중·일 삼국의 옷은 또 하나의 공통점을 갖고 있는데 바로
인체를 '감싸는 형태'이다. 저고리는 좌우를 겹쳐 여미고, 치마와 바지도 인체를 감싸듯이
입는 모습은 삼국이 동일하다. 그 공통점은 오랜 시간을 거치면서 각국의 민족성, 기후, 생
활방식 등의 수많은 요인에 의하여 점차 각국의 특색을 더하며 변화해왔다.

한복의 아름다움이라 하면 바로 선의 아름다움이다. 우리 옷은 고대의 직선형에서 점차 곡
선형의 다양한 스타일로 발전되었는데, 모두 직사각형, 삼각형, 마름모형의 기하학적 형태
로 평면 재단되어 공간적인 곡선미를 특징으로 하고 있으며, 특히 다양한 비례미로 면 분할
된 저고리의 깃, 섶, 도련, 소매배래나 버선, 머리 쓰개류 등에서 곡선의 특징을 쉽게 볼 수
있다. 이러한 곡선은 한국에서 유독 발달하게 된 '신체를 감싸는 옷'의 구조에서도 그 원인을
찾을 수도 있다. 이 '싸는 문화'는 ㄷ자, ㅁ자로 겹겹이 싸들어 가는 한옥의 주거문화나 음식
을 싸서 먹는 식(食)문화에서도 쉽게 찾아볼 수 있는, 한국 문화의 근본이라고 할 수 있다.

반면 고대의 우리 옷이 전해져 이를 바탕으로 형성된 기모노는 직선형이 그대로 현재까지
유지되어 간결한 직선의 절제된 형태와 다양한 중간색과 화려한 문양으로 어우러져 발전되어
왔다. 기모노 역시 크고 작은 직사각형의 평면재단을 기본으로 하여 우리 옷과 유사하나 형태
는 직선형의 특징을 그대로 간직하고 있다. 또한 감싸는 듯이 좌우를 여며 입는 특징은 남아있

지만 섬나라 특유의 습한
해양성 기후 때문에 밑이
트여있는 시원한 직선 디
자인이 더욱 발달하기도
했다. 이렇게 일본문화는
전반적으로 절제된 간결
미를 특징으로 한 반듯한
직선의 미학으로 이루어
져 있다.

중국은 대륙적인 가파
른 지형에 위치하고 있

최근 인기를 얻고 있는 한복입기 체험,
공주한복, www.princesshanbok.com

으며 황사 등의 먼지바람 속에서 멀리서도 쉽게 눈에 띌 수 있는 붉은색을 상징화한 문화로 발전되어 왔다. 이들의 전통복인 치파오는 직선형과 곡선형의 조합으로 구성되었음을 알 수 있는데, 이러한 특징 역시 그들의 전통 가옥, 가구 등의 생활문화에서 쉽게 느낄 수 있다. 그들에게서 나타나는 직선과 곡선의 미는 우리의 것처럼 섬세하거나 공간적인 부피감은 없으며, 일본처럼 반듯한 직선의 날카로움은 찾아 볼 수 없다. 다만 풍요로운 웅장함의 양적 질감을 느낄 수 있다 중국은 대륙성 기후 특유의 건조함과 척박함으로 생존에 많은 부침이 있어왔다. 따라서 미학적인 부분보다는 실용적인 기능을 더욱 강조한 의상이 주를 이루었으며 이러한 경향은 중국이 공산주의 국가가 되면서 더욱 두드러졌다.

이렇듯 한·중·일은 동아시아의 한 축에 이웃하면서 유기적인 복식 문화를 공유하였으나 각기 형성해 온 발자취에 따라 서로 다른 선형의 미학으로 각각의 문화를 특징적으로 발전시켜 왔다.

아쉬운 것은 일본 기모노가 우리 옷을 바탕으로 형성되었으나 오늘날까지 그 원형을 잘 보존하면서 일찍이 현대생활 속에 가까이 하려는 끊임없는 노력으로 세계적인 패션 주도국으로 주목 받고 있으며, 중국 역시 치파오의 만다린 칼라를 상징화하여 여기에 현대의 관능적인 바디 실루엣을 드러낸 패션으로 세계인들에게 중국풍 패션으로 주목 받고 있는 반면 우리나라는 아직 그렇지 못하다는 점이다.

이제 우리도 한복을 세계적인 미적 공감대의 보편화된 코리안 스타일 패션으로 세계패션의 중심에 서게 될 날을 기대하며 끊임없는 관심과 노력을 기울여야 한다. 이미 많은 한국 디자이너들이 '한국적인 것이 가장 세계적'이라는 사실을 깨닫고 한복을 현대적으로 재해석한 한국적 패션을 제시하기 위해 많은 시도를 하고 있으며 최근 이러한 한스타일 패션은 젊은 층에서 큰 인기를 얻고 있다. 국내인들 뿐 아니라 한국을 찾는 많은 해외 관광객들이 경복궁이나 전주 등지의 관광명소를 찾아 한복을 입어보는 한복입기 체험은 최근 하나의 트렌드가 되었으며 일반인들의 한복에 대한 관심도 날로 증가하는 추세이다.

생활한복 브랜드 꼬마크, 2016 S/S, www.ccomaque.com

● 서양 재킷 속의 저고리[1]

남녀노소를 불문하고 현대 패션의 기본은 재킷과 바지이며, 이를 현대 패션용어로 슈트(suit)라 한다. 슈트는 전 세계적으로 입지 않은 이들을 거의 찾아보기 힘들 정도로 세계화되었다. 지금까지 우리가 알고 있는 재킷은 흔히 서양에서 들여온 전형적인 서양의 옷으로 인식되고 있다. 그러나 과연 현대패션의 기본인 이 슈트는 서양에서부터 시작된 것일까? 우리 저고리는 '카프탄(Caftan:前開形)'을 기본으로 하고 있다. 카프탄은 중세 초부터 터키를 포함한 서아시아에서 착용되어 온 전통복식에 대한 통칭이 되었다. 카프탄 형 옷의 특징은 우선 옷을 펼쳤을 때 전체적으로 소매가 수평선으로 전체적으로 T자형을 이루며 평면재단을 특징으로 한다. 이는 우리저고리를 비롯한 중앙아시아 북방계 복식의 기본형으로 바지와 한 벌을 이룬다. 이러한 카프탄 형의 복식이 A.D 5세기경 비잔틴에 전해져 당시 비잔틴의 대표적인 의상이었던 달마티카가 점차 앞이 열린 카프탄 형으로 변화되었다.

즉, 아시아에서 비롯되어 비잔틴에 전해진 카프탄은 비잔틴 문화에서 가장 화려한 의상이었으며, 이후 카프탄은 점차 발전하여 현대 재킷의 원형인 더블릿으로 발전되었고 이는 현대 남성 재킷으로 변화하게 된다. 이러한 남성 재킷을 오늘날 여성들이 즐겨 착용하는 패션으로 전환시킨 디자이너가 바로 Chanel이다. Chanel은 남성복의 디테일을 여성패션으로 전환시킨 디자인으로 20세기 초반 세계적인 디자이너로 거듭났다.

이렇게 14C 초기 이전의 서양 복식은 대개 뒤트임이거나, 옆트임이었으나 동양의 카프탄이 서양에 전해짐으로써 14C 초에 비로소 앞트임의 옷이 시작된 것이다. 즉 동양은 서양보다 약 2000여년 앞서서 이미 신체적합성, 활동성, 기능성 측면에서 우수한 과학적인 옷들을 착용하고 있었으며 그 중심에 우리의 저고리가 있었다는 사실에 주목할 필요가 있다. 특히 20세기 이후 전 세계 패션이 재킷·바지의 서양 패션을 중심으로 전파되고 있는 현 시점에서 이 부분은 상당히 중요한 의미를 갖는다. 우리 저고리는 그 근원부터 이미 과학적 구조와 다양한 디테일, 세계성을 가지고 있었지만, 서양문화의 우월주의에 밀려 진정한 의미를 찾지 못하고 방치된 것이다.

이제 우리 전통 옷에 대한 관심을 더욱 기울이고 그 우수성과 미적가치를 발굴해, 세계인들의 공통된 미적 감각에 맞도록 재해석해내는 작업이 필요하다. 동양 패션의 부흥과 한류의 흐름 속에서 한국은 우리 옷의 우수성을 세계 속에 널리 알리고, 새로운 패션주도국으로 성장해나가야 할 것이다.

---

1 채금석, 전통한복과 한스타일, 지구문화사, 2012

4. 세계 패션명품과 전통

세계 패션주도국의 명품들은 과연 어떻게 창조되어 지금까지 전 세계인들의 관심을 끌고 있는 걸까?

파리의 크리스티앙 디오르(Christian Dior)는 1947년 패션계에 '뉴 룩(new look)'을 발표하며 전 세계적으로 큰 성공을 거두었는데, 뉴 룩은 완전히 새로운 실루엣이 아니라 19세기 서양의 전통복식이었던 크리놀린 스타일을 재해석한 스타일로 완만하고 둥근 어깨와 풍만한 가슴, 가는 허리, 풍성한 플레어스커트로 여성미가 넘치는 스타일을 선보여 센세이션을 일으켰다.

New Look, Christian Dior, 1947

크리놀린 스타일 로브, 19C

또한 발렌시아가(Balenciaga)는 1959년에 18세기 로코코시대 전통의상인 로브 볼랑 (robe volante)-색 가운(sack gown, sacque gown)을 응용하여 옷의 목 뒤 둘레와 양 어깨에서부터 치마 끝까지 이어지는 전통적인 와토 주름을 강조한 슈미즈 드레스를 선보였고, 미국의 랄프 로렌(Ralph Lauren)은 영국 귀족의 전통복식을 현대 미국인의 취향에 맞도록 변형시켜 미국의 명문가적 이미지의 새로운 룩을 탄생시켰다. 버버리(Burberry)는 영국의 전통 체크 문양을 현대적인 색채로 변형시켜 브랜드를 대표하는 디자인으로 활용하고 이를 응용한 다양한 상품개발을 통해 세계적인 명품으로 자리 잡았으며, 비비안 웨스트우드 (Vivienne Westwood) 또한 전형적인 영국 전통 체크나 낭만주의, 빅토리아 시대의 복식을 재해석하는 등 전통 복식을 파격적인 현대 감각으로 변형시킴으로써 자신의 브랜드를 세계 시장에 분명하게 알렸다.

로코코 시대 와토 가운-Sack dress, 18C

발렌시아가의 슈미즈 드레스
Chemise dress of Balenciaga

일본의 이세이 미야케(Issey Miyake)는 전통복식인 기모노를 활용한 아이템과 기모노의 비구축적 실루엣, 전개형의 비대칭 여밈을 서양복식에 접목시켜 새로운 조형미를 창조하면서 여성의 인체를 새로운 개념으로 재해석한 단순한 오버사이즈의 빅 룩을 제시함으로써 패션계에 큰 영향을 미쳤다. 서양인들은 이세이 미야케의 이질적이고 새로운 모던한 감각의

Chapter 5. 패션과 전통

패션과 미래　151

패션에 매료되면서, 거기에서 배어나오는 동양적 아
름다움에 신선한 충격을 받았다.

요지 야마모토(YohjiYamamoto), 레이 가와쿠보
(Rei Kawakubo) 역시 일본의 전통복식-기모노를 현
대적으로 재해석하여 인체를 중심으로 한 체형형의
서구 패션과는 전혀 다른 비구축적인 조형미의 빅 룩,
루즈 룩, 레이어드룩을 선보였으며 이와 함께 일본 전
통 색상, 화려한 문양, 자수, 전통 기법 등을 활용하여
현대 패션에 접목하였다.

Issey Miyake, 1975

Yohji Yamamoto, 2006 S/S

Rei Kawakubo, 2009 F/W

비비안 탐(Vivienne Tam)은 중국의 전통적 요소와 서양의 현대적 요소를 접목한 작품들
을 선보이고 있으며 홍콩 패션브랜드 상하이 탕(Shanghai Tang) 역시 중국 전통을 이용한
현대적 작품들을 선보이고 있다. 이란 출신 패션디자이너 쉬린 길드(Shrin Guild)는 자신의
문화적 전통이 담긴 의상을 단순성의 미학으로 재해석해서 다각도 측면에서 문화를 초월하
는 현대적이고 기능적인 의상들을 만들었다.

이 외에도 수많은 패션명품 브랜드 디자이너들이 자국의 전통에서 디자인의 근원을 찾아

내고 있으며, 이와 같이 자국의 독자성을 세계인들의 미적 감각에 접근하여 보편화시킨 '전통의 현대화'가 패션 명품 브랜드들이 성공할 수 있던 중요 요소인 것이다. 즉, 자국의 전통 복식을 현대인의 감각과 코드에 맞게 단순하고 편리하게 변형시킴으로써 자국의 국민뿐만 아니라 세계인이 애용하는 명품 브랜드로 재탄생한 것이다.

Buddha dress,
Vivienne Tam, 1997 S/S

Shanghai Tang

Shirin Guild

여기에서 우리는 그들이 그들의 독자성을 어떠한 대표적인 디자인 코드로 전환시켜 활용했는지, 그리고 이를 세계적인 보편성으로 어떻게 접근했는지를 살펴볼 필요가 있다. 우리도 타국과 차별되는 자국 고유의 독자성에 세계인들이 공감할 수 있는 보편성을 더할 때 세계 명품 패션으로 거듭날 수 있을 것이다.

앞서 이야기하였듯이, 차별화된 독자성이 세계화 시대에 국제 경쟁력의 원천으로 작용하면서 동양 각국에서도 전통복식의 세계화, 대중화를 위한 노력들이 계속되고 있다. 동양권의 나라들은 유사한 정신사상과 복식구조를 공유하고 있기에 이들의 성공 사례를 우리 전통복식의 세계화 방안을 위한 주요 자료로 활용하고자 한다.

1) 중국 – 세계 패션의 주요 모티브가 된 '치파오(旗袍)'

현대 패션에서 중국의 만다린 칼라(mandarin collar)나 전통복식인 치파오에 관능적인 실루엣을 더한 패션은 이제 흔히 찾아볼 수 있을 만큼 중국의 전통복식을 모티브로 한 패션은 세계인들에게 보편적인 것이 되었다.

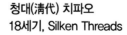

중국의 전통복식인 '치파오(旗袍)'는 청(淸)나라 귀족층이 주로 입었던 chao pao와 같이 길이가 길고 이 넉넉한 포의 형태가 변형된 것으로 1920년대 서양문화의 유입과 함께 복잡한 장식물을 제거, 단순한 실루엣을 지향하는 현대인들의 감각에 맞도록 변화되었다. 중국 전통복의 요소를 현대 패션에 응용하여 성공한 비비안 탐(Vivienne Tam), 상하이 탕(Shanghai Tang)을 중심으로 살펴보자.

청대(淸代) 치파오
18세기, Silken Threads

● **비비안 탐**(Vivienne Tam)

비비안 탐은 현재 뉴욕에서 활동하는 디자이너로 중국 광동에서 태어나 홍콩에서 중국과 영국식이 혼합된 교육을 통해 동·서양이 융합된 문화 속에서 성장하였다. 동·서양이 융합된 문화적 배경과 전통은 그녀에게 매우 중요한 디자인 영감의 원천이 되었으며 특히 청조(淸朝)와 명조(明朝)의 전통문화와 다양한 소수민족의 문화를 접하고 심취하면서 그녀의 디자인에는 중국 청·명시대의 궁중적 요소, 소수민족의 민속적 요소, 뉴욕의 미국적이고 모던한 문화 요소들이 융합되었다.

비비안 탐은 여러 전통적인 요소들 중 광둥어로 청삼(旗袍), 만다린어로 치파오(旗袍)라 불리는 전통 의복을 현대 패션디자인에 활용하였다. 그녀에 의해 재탄생된 치파오는 동서양의 융합을 보여주는 대표적 예로 만다린 칼라나 사선 여밈, 옆트임과 같은 전통적인 디테일들을 응용하되 실루엣은 서양의 입체적인 몸에 꼭 맞춘 스타일로 현대화하여 여성의 관능미를 강조하고 누구에게나 어울릴 수 있는 보편적인 치파오로 재탄생시켰다.

그녀는 전통복식의 디테일 외에도 전통문양, 소재, 색상 등 중국의 전통적인 요소를 통해 문화적 정체성을 표현하는 데 주력하였으며 동양과 서양이 융합된 비비안 탐의 디자인 컨셉은 그녀의 의상에 풍부함과 다양성을 부여했고 새로운 창조적 가능성을 제시했다.

Vivienne Tam, 2001 F/W, 2007 F/W, 2009 F/W

● 상하이 탕(Shanghai Tang)

상하이 탕은 중국식 패션의 선두주자로 1994년 홍콩 디자이너 데이비드 탕(David Tang)이 창설한 브랜드이다. 중국 전통의 동양적 디자인과 색채를 적극 활용해 해외 명품시장에서 동서양의 조화를 잘 살린 제품이라는 호평을 받고 있다.

데이비드 탕은 서구화된 패션 시장에서 서양 패션을 맹목적으로 따르는 것이 아니라 중국 전통을 드러내며 보수적인 시각을 유지하기 위해 노력해 왔다. 상하이 탕 브랜드의 핵심적인 특징은 역시 동서양의 '융합'으로 중국의 전통을 보여주는 고유한 방식에 활동성을 강조하는 서양 패션의 기능적 요소를 융합시켰다. 중국 전통의 모티브를 혁신적으로 사용한 다채로운 색상과 감성적인 디자인의 상하이 탕은 중국풍의 글로벌 대사로서의 사명을 가지고 중국 전통과 세련되고 현대적인 서구 의상들과의 융합을 통해 과감한 디자인들을 창조해 낸다.

Shanghai Tang,
2003 F/W

Shanghai Tang

상하이 탕 역시 청대의 치파오에 원형을 두고 서양 복식을 흡수하여 현대적 감각으로 재해석하였는데 특히 치파오를 모던하게 만들어 몸에 꼭 맞게 재단한 입체적 형태의 바디 피티드 실루엣을 통해 관능미를 드러내었다. 서양풍의 구조를 갖춘 외형에 만다린 칼라 등 중국 전통복식의 요소를 부합시켜 자연스럽게 중국의 정신과 아름다움을 반영하고 있다.

또한 상하이 탕은 현대 중국 복식의 전형이 된 치파오를 만들었던 스승들로부터 계속적으로 전수된 상하이 최고의 전통 복식 재단사들을 채용하여 최고급 전통 맞춤 의상을 서비스 하고 있다. 상하이 탕의 치파오는 전통적인 중국 의상과 전통 재단사들의 장인정신, 그리고 현대화된 소재들, 새로 고안된 관능적인 실루엣이 모두 결합하여 독자적인 조합을 이루어냈다.

중국 전통을 현대화한 패션 브랜드에서 나타난 디자인의 특징은 다음과 같이 정리할 수 있다.

① 전통미

중국 전통 복식, 문양, 디테일, 색상, 소재, 공예 기법, 정신세계 등이 다양하게 응용되어 서구적인 요소와 복합적으로 융합되어 있음을 알 수 있다.

② 단순미

사이즈가 크고 넉넉하며 화려한 색상과 문양으로 구성된 청(淸)대의 치파오가 단순하게 재해석되어 현대 라이프 스타일에 맞도록 복잡한 장식물을 제거, 단순한 실루엣으로 변화시킨 점이 강조된다.

③ 기능미

전통복식의 폭과 길이를 현대의 라이프 스타일에 맞도록 인체활동에 편리하고 간편하게 줄여줌으로써 기능성과 활동성을 고려한 점을 알 수 있다.

④ 관능미

여성 인체의 실루엣을 그대로 드러내 주면서 현대 패션에서 가장 중요하게 고려하는 관능미를 극대화시켰다. 치파오가 보여주는 관능미는 치파오를 세계화시키는 데 가장 결정적인 요인이 되었다고 할 수 있다.

2) 일본 – 문화관광상품 개발 '유카타(浴衣)'

　　일본의 하이패션은 세계 명품 브랜드로서 세계 패션 주도국의 대열에서 주목받는 위치에 있다. 앞서 살펴본 것처럼 '가장 일본다운 것' 즉, 전통이 그 근간을 이루어 일본의 독자성을 세계적인 보편성으로 호환시킨 디자인 창출에서 그 원인을 찾아볼 수 있다. 일본은 전통복 '기모노(着物)'와 이를 편의복으로 간편화한 '유카타(浴衣)'를 일본을 대표하는 패션문화상품으로 세계인들에게 각인시켰다. 하나에 모리(Hanae Mori), 다카다 겐조(Takada Kenzo), 이세이 미야케(Issey Miyake), 레이 가와쿠보(Kawakubo Rei), 요지 야마모토(Yojii Yamamoto) 등은 자국의 전통요소를 어떻게 현대 패션 브랜드로 세계화시켰을까?

Women's kimono,19th century, Japan.
Philadelphia Museum of Art

유카타, Furifu 2013 S/S

● 하나에 모리(Hanae Mori)

　일본 전통복식의 특성을 현대적으로 재해석한 최초의 디자이너 하나에 모리는 동양인 최초로 1977년 파리 오트 쿠튀르 의상조합의 정식 멤버로 가입하여 일본 패션을 세계화시키는 데 선도적인 역할을 한 디자이너 중 한 명이다. 그녀는 1951년 "East meets West"라는 동·서양의 융합을 브랜드 컨셉으로 한 그녀만의 디자인 세계를 추구하였으며, 일본의 전통과 미의식을 서구적인 미와 접목시켜 독특한 작품세계를 구축함으로써 일본 전통복식의 현대화를 최초로 시도하여 세계화하는 데 견인차 역할을 하였다.

　그녀는 일본 전통 색채와 동양의 선적인 미, 서양의 양감의 미를 균형 있게 조화시킨 디자이너로 형태면에서 서양의 입체적인 구성법을 따르며 장식적인 측면에서 일본의 전통 미의식을 따르는 등 동서양의 융합을 보여준다. 기모노의 디테일과 빅 룩, 레이어드 룩의 착장법, 일본 전통 문양과 색상, 소재 등을 현대적으로 활용하여 일본의 전통과 서양적인 현대미를 균형감 있게 나타내었다.

Hanae Mori, 2001 F/W

● 다카다 겐조(Takada Kenzo)

다카다 겐조는 그로 인해 네오 쿠튀르(Neo-couture)라는 말이 생겨날 정도로 서양 패션계에 파격적인 새로운 모드를 선보인 디자이너이다.

그는 첫 컬렉션에서 일본에서 사온 유카타(浴衣)용 프린트 소재로 옷을 만들었는데 1970년 겐조의 헐렁한 사이즈의 프린트 셔츠는 엘르(Elle) 잡지 표지를 장식하였다. 그는 서양 전통복식에서 내려오는 인위적이고 몸에 딱 맞는 스타일 대신 인체보다 크게 오버사이즈로 평면 재단한 직선형의 옷들을 여러 겹 겹쳐 입는 빅 룩(Big Look)과 레이어드 룩(Layered Look)을 선보였고, 이러한 서양적 요소에 동양적 요소를 믹스한 새로운 작품들로 파리 패션계에 새로운 스타가 되었다. 그는 일본 전통복식에 대한 연구를 바탕으로 유카타와 기모노를 디자인의 근원으로 삼았으며 여기에 파리 스트리트 패션을 접목해 일본 전통에서 출발했지만 세계적인 보편성을 갖는 새로운 옷을 창조했다. 그에 의해 '기모노 슬리브(kimono sleeve)'라는 용어가 세계 패션 용어로 사용되기 시작했으며 이후 일본 디자이너들의 파리 진출의 발판이 되었다.

Kenzo Takada

Kenzo Takada, 1970

● 이세이 미야케(Issey Miyake)

이세이 미야케는 일본 미술대학에서 디자인 전공 후 파리로 건너가 파리의상조합학교에서 패션을 공부하고 기라로쉬(Guy Laroche)와 지방시(Givenchy)의 보조 디자이너로 근무하였다. 그러나 오트 쿠튀르 패션이 현대 여성에게 적절하지 못하다고 판단한 이세이 미야케는 1969년 뉴욕으로 건너가 기성복의 작업 방법과 시스템 등을 배우고 1970년 도쿄로 다시 돌아와 미야케 디자인 스튜디오(Miyake Design Studio)를 설립하여 본격적으로 전통문화의 중요성을 인식하고 연구하기 시작하였다.

오트 쿠튀르와 기성복을 모두 경험한 이세이 미야케는 1970년대부터 전통적인 일본 문화와 공간의 의미, 전통의복인 기모노의 형태와 전통 소재에 관해 관심을 갖고 연구하였으며 그의 디자인 컨셉의 기초를 일본의 전통성에 두고 그것을 자신의 작품에 적용하여 일본의 정체성이 뚜렷한 옷을 만들기 시작하였다. 그의 디자인은 일본으로 대표되는 동양적 정신과 서구 모드를 혼합한 패션의 글로벌리즘 창출에 있다.

기모노의 형태는 다양한 체형에 맞는 패턴을 필요로 하는 서양 복식에서는 찾을 수 없는 특징을 갖고 있으며 모든 조각과 라인이 평면적이고 직선적이며 형태의 단순성으로 인해 직사각형으로 편평하게 접어서 보관할 수 있다. 이러한 2차원적인 기모노는 입었을 때 3차원적인 공간을 형성하며 이세이 미야케는 이러한 의상이 그 자체로서가 아니라 착용되었을 때 비로소 표현되는 공간성에 주목하였다. 형태면에서는 일본 전통 기모노의 형태를 응용하여 서양의 주된 재단법인 다트나 프린세스 라인을 사용하지 않고 평면적이고 기하학적인 선을 활용하여 새로운 형태의 레이어드 룩과 빅 룩을 창조하였다.

이세이 미야케는 레이어드 착장방식인 '감싸는 것'이라는 일본 전통복식의 근원적인 개념과 과장된 공간성의 빅 룩을 의상에 결합시켜 현대적 방법으로 의복 형태에 다양하게 적용하였다. 그는 직선적인 실루엣에서 보이는 부드러운 드레이프 표현의 조형성에 주목하여 인체의 곡선을 전혀 다른 새로운 시각으로 해석했으며 동양적인 공간 개념을 도입하여 새로운 실루엣을 창출했다.

세계 패션계에 새롭게 등장한 이세이 미야케의 창조적 디자인은 그것을 기존의 서양 디자인과 확연히 구별시키며 특별하게 만드는 일본 전통 미의식이 바탕에 있었기에 가능했다. 디자이너의 내적 사상과 정신, 미의식 등은 의상의 외적 형태를 통해 표출되는데 일본의 전통 미의식을 현대적으로 재해석하여 독특한 작품세계를 구축한 이세이 미야케는 일본 전통의 꾸밈과 반꾸밈의 미의식을 다양하게 패션에 반영하여 디자인에 접목시켰다.

일본의 독특한 미의식인 반꾸밈의 미의식은 중세 이후 일본인의 미의식으로 자리 잡으면서 현대 일본인의 생활 속까지 뿌리 깊게 영향을 미치고 있다. 일본 문화의 외적 아름다움에 대항한 내적 아름다움의 선호에서 비롯된 반꾸밈의 미의식은 선(禪, Zen)의 이원성을 거부하는 공(空)사상과 통한다.

Issey Miyake 1975 S/S

Issey Miyake 1975 F/W

Issey Miyake, 1994 S/S

한 장의 천, Issey Miyake, 1990 S/S

해롤드 코다(Harold Koda)는 일본 미학의 중요 요소로 불규칙·비대칭·불완전을 들고 있으며 특히 착장방법의 탈착, 겹쳐 입기 등에 있어서 일본복식은 착장자에 의해 미완성 상태인 동시에 불확정적 착장을 연출함으로서 새로운 이미지를 표현한다고 하였다.[2] 이세이 미야케의 의상에는 이러한 불규칙·비대칭·불완전의 일본 미학이 그대로 반영되어 있으며 일본 전통 미의식을 바탕으로 한 전통복식의 조형성과 서양의 실용성을 잘 조화시켰다.

현대패션에 자국의 전통을 응용한 일본 디자인의 특징과 성공요인들을 살펴보면 다음과 같이 나누어 볼 수 있다.

① 기하학적 단순미

직사각형의 길, 깃, 소매를 특징으로 하는 기모노를 바탕으로 하여 커다란 박스 스타일로 발전된 빅 룩이 서양패션에 돌풍을 일으킨 이유는 무엇일까?

동양적인 전통 요소가 서양인에게 무리 없이 받아들여진 요인은 바로 기모노에 내재한 직선의 미학이 있었기 때문이다. 19세기 독일 바우하우스의 기능주의 미학을 시작으로 직선적 단순함(Simplicity)의 모더니즘으로 발전한 서양인들의 미감은 일본의 직선형의 빅 룩에 거부반응 없이 적응될 수 있었다고 생각된다.

② 기능미

일본의 자국적 패션도 역시 전통복의 전체적인 크기, 폭, 길이를 축소하여 현대의 라이프스타일에 적합하도록 편리성과 기능성을 고려했음을 알 수 있다.

③ 비구축적 조형미

현대 일본패션 디자인은 일본인들의 정신세계를 미학적으로 풀어냈다는 것이 특징으로 대체로 그 형태는 비구축적 조형미로 나타난다. 일본의 선(禪)철학적 관점을 불균형, 비대칭, 무형태로 풀어나간 점이 무엇보다 두드러진다.

---

2 현대 일본패션에 내재한 꾸밈 미학 = Decoration Culture resident in Contemporary Japanese Fashion
채금석(Keum Seok Chae) (服飾, Vol.54 No.3, [2004])
현대 일본 패션에 내재한 반꾸밈 미학 = Anti-decoration Culture in Contemporary Japanese Fashion
채금석(Keum Seok Chae) (服飾, Vol.54 No.8, [2004])

④ 업자들의 노력 - 유카타(浴衣) 개발

일본은 자국의 전통복인 기모노를 현대생활 속에서 일찍이 생활화하고, 관광 측면에서는 일본 전통적 이미지의 휴식복을 상품으로 개발하여 대단한 관광홍보의 효과를 거두고 있다. 가정에서는 일과 후나 목욕 후에 휴식용으로 착용하고 추석 등의 명절, 축제, 절에서 공양이나 제를 올리는 날에도 착용한다. 특히 일본의 온천지역의 접객업소에서는 투숙한 외국방문객들에게 이국취향을 불러일으키고 자국의 이미지를 강하게 전달하는 관광 상품의 하나로 사용되고 있다.

⑤ 판매망의 확대 - 시장의 세분화

일본은 거리에서도 흔히 기모노나 유카타를 착용한 사람을 볼 수 있으며, 백화점에서는 기모노, 유카타 판매코너가 따로 마련되어 있다. 다양한 가격대와 함께 색상, 소재 역시 유행을 민감하게 반영하는 등 여러 층의 소비자들을 겨냥한 다양한 상품이 개발·유통되고 있다. 신제품은 인터넷을 통해 즉시 광고가 되며, 통신판매, 인터넷쇼핑으로도 쉽게 유카타를 구입할 수 있도록 다양한 판매망을 구축하였다.

3) 인도 - 런던의 하이패션으로 떠오른 '살와르 카미즈(Shalwar kameez)'

● 정체성을 지키기 위한 전통복식 착용 고수

약 2세기 동안 영국의 지배를 받으면서 인도의 문화는 영국에 의해 부정적이고 퇴보적으로 묘사되기도 하였다. 그러나 인도는 자국의 정체성을 찾기 위한 수단의 하나로 전통 복식을 적극 활용하였다. 특히, 1960~70년대 영국의 노동력 보충을 위해 많은 인도인들이 영국으로 이주하면서 당시의 인도인들은 영국의 노동자 계급을 상징할 정도로 심한 인종 차별과 천대에도 불구하고 문화적 자부심을 지키기 위해 스스로 전통복식인 살와르 카미즈 슈트 착용을 고집하였다.

인도 전통복 패션은 영국 런던의 고급 부티크를 중심으로 부유층, 유명인, 패션 리더들에게 선호되는 하이패션이 되었다. 인도인들은 자신의 2세대들에게도 전통복식 착용을 독려하였고, 이것이 영국 내의 차별적인 상황 속에서 경험을 통해 축적된 불협화음의 처리기술과 더해져 인도복식의 세계화를 이루어냈다.

인도 패션 디자인의 특징과 현대화 성공요인들을 살펴보면 다음과 같이 나누어 볼 수 있다.

① 단순미

인도인들은 살와르 카미즈를 그대로 물려주기보다는 자녀들이 원하는 스타일로 전환하였으며, 이는 현재 살와르 카미즈가 젊은 층에 이르기까지 폭넓게 착용되고 있는 가장 큰 이유이다.

전통 살와르 카미즈는 치마처럼 보일 정도로 바지통이 넓고, 상의 역시 풍성한 형태였으나, 현대적으로 재해석된 살와르 까미즈는 바지통을 줄이고 상의 역시 몸에 밀착되거나 허리 아래로 주름을 넣는 등 라이프 스타일과 유행에 맞추어 변형되었으며, 젊은이들 사이에 유행하는 스타일, 시즌 컬러, 소재, 실루엣을 패션정보지 등을 통해 세밀히 모니터하고 이를 지체 없이 패션에 바로바로 반영하여 항상 최신 트렌드에 맞는 살와르 카미즈를 선보이고 있다.

② 기능미

인도 역시 전통복의 크기, 폭, 길이 등을 현대 생활에 맞도록 축소하여 편리성과 기능미를 고려했음을 알 수 있다.

〈그림 44〉 Shalwar Kameez
를 착용한 모녀, Re-Orienting
fashion, p144

〈그림 45〉 Shalwar Kameez, 2016

③ 지역 문화에 맞는 마케팅 정책

현재 살와르 카미즈는 세계 각국으로 수출되고 있지만, 모두 같은 스타일을 고수하지는 않는다. 각 지역마다 그 지역의 코드에 맞게 재구성, 재해석함으로써 제품의 표준화를 부인하고 각 문화권에 적합한 형태의 절충된 디자인을 보여주고 있다.

또한 소비자와의 끊임없는 대화를 시도하고 고객의 의견을 반영한 디자인 작업을 통해 소비자의 필요를 충족시키는 등의 노력은 인도 패션이 세계패션의 모티브가 되고, 인도 디자이너들이 영국의 하이패션계에서 활발한 활동을 펼치는데 큰 원동력이 되었다.

5. 한국 전통의 세계화, Han-Style의 세계화

중국, 일본 등 아시아 전 지역을 넘어 유럽, 남미 등 한국의 영화, 드라마, 음악 등 우리의 문화가 일으킨 한류열풍이 매우 뜨겁다. 한류가 가져온 경제적 효과는 말할 것도 없이 해외 진출, 외교활동, 교민들의 대우 등 그 파급 효과는 엄청났으며 그 중에서 가장 괄목할 만한 효과는 한국의 확실한 위상 확보이다. 이처럼 문화의 힘은 무역이나 정치적 교류 이상으로 그 영향력과 잠재력이 무궁무진하고 예측할 수 없는 무한한 성공가능성을 가지고 있다. 최근 유럽에서의 K-POP의 폭발적인 반응은 무엇을 의미하는지 생각해 보자. 이처럼 21세기로 접어들면서 가장 가시적으로 나타나고 있는 움직임이 바로 세계화(Globalization)이다.

중세 이후 끊임없이 진행되어 온 세계화는 20세기 중반 이후 가속화되어 문화, 역사의 무경계 현상 속에서 탈범주화를 시도하며 전 세계가 '세계화'라는 공통분모를 향해 부단한 노력을 기울이고 있다.

세계화는 국가 및 지역 간 존재하던 상품, 서비스, 자본, 노동, 정보에 대한 이념적 장벽이 제거되어 세계가 일종의 거대한 단일 시장으로 통합되는 추세를 말한다. 21세기의 세계화는 국제 협력이 중시되고 이미 '국경 없는 지구촌 경제' 개념의 세계화는 가속화되어 나타난다.

이러한 세계화 현상은 타국의 경제, 문화 등의 유입과 동시에 국제수준을 지향하는 국제화에 따른 결과로 볼 수 있으며, 이러한 세계화 시대의 협력체제는 기업 간은 물론이고 국가 간의 무한 경쟁을 더욱 심화시킨다. 세계화 시대는 다양성을 인정하고 수용하는 세계시민의식 함양, 문화의 보편성·특수성·다양성·통합성이 강조되는 문화우위를 특징으로 한다.

패션산업의 세계화 역시 이러한 세계화 개념의 범주 안에서 전개되고 있으며, 정보통신기술의 발달 등으로 인해 전 세계가 동일한 트렌드를 공유하는 패션의 보편성은 매우 빠른 속도로 확산되며 시장규모 또한 더욱 커지고 있다. 한스타일의 세계화를 위해 한국 패션기업들은 차별화 전략에 주력해야 한다. 차별화 전략은 수익 추구에 가장 효율적인 것으로 꼽히고 있으며, 고부가가치를 창출해 내는 데 큰 역할을 한다.

우리의 독자적인 전통인 한복은 세계시장에서 한국적 패션 디자인의 차별화를 위한 중요한 요소가 된다. 우리 전통 한복을 세계 패션시장에서 어떠한 접근성으로 풀어가야 할지가 화두이다.

● 韓Style의 현대화, 세계화[3]

1) 현대화의 의미

1980년대 포스트모더니즘 이후 전 세계 문화예술계에 나타난 특징적인 현상은 성(姓)의 무경계, 역사의 무경계, 그리고 문화의 무경계이다. 이러한 현상 속에서 서구 문화는 그동안 도외시해 오던 비서구 문화권과의 절충적인 시도를 통해 새로운 변화를 시도하였고 우리 역시 이러한 흐름 속에서 세계에 우리를 드러내고자 많은 시도를 하고 있다.

한복의 세계화를 위해서는 한복의 현대화가 필수적인 과제이다.

우리 전통문화는 우리 생활 속에 자연스럽게 융합되어 있지만 전통문화 원형 그 자체로는 현대 생활환경과 라이프 스타일에 맞지 않아 갈등을 야기하고 우리의 생활 속에서 전통문화적인 요소를 점점 사라지게 하는 요인이 되기도 한다. 따라서 한복을 세계화시키기 위해서는 '현대화'가 반드시 선행되어야 한다.

'현대화'는 그 시대를 살아가는 사람들의 감각과 의식, 정서코드를 담아내어 이에 맞게 변화해 나가는 것을 의미한다.

(1) 韓Style의 현대화 방안

① 독자성과 보편성의 공존

현대 예술이 지향하는 문화의 무경계-절충주의는 패션 분야에서도 세계 각국의 문화를 절충적으로 공유하는 시대를 도래시켰다. 세계 명품브랜드의 공통점은 바로 독자성과 보편성의 공존이다. 독자성이 결여되면 한국의 문화라고 보기 어렵고, 보편성이 없으면 세계인이 받아들이기에는 문화적 차이로 인한 거부감이 많기 때문이다.

---

3 채금석, 전통한복과 한스타일, 지구문화사, 2012

우리 전통복식의 독자성에 세계인들이 공감할 수 있는 미적 보편성을 더해 보자. 전통 소재, 전통 착장법, 전통 색상만을 강조하지 말고 세계인들이 누구나 좋아할 만한 소재, 디자인, 색상으로 조금씩 변화시켜서 세계인들의 감각에 맞도록 다양한 변화를 시도하는 노력이 필요하다.

우리 전통복식에 내재한 독자성을 역사성에만 의미를 두지 말고 구조적 특징과 철학, 미의식 등 당대에 추구된 미적이념이 무엇인가를 탐색하는 시도가 우선되어야 한다. 그래서 우리 韓Style에 가장 대표적인 특징적 외형을 무엇으로 내세울 것인가를 이끌어 내야 한다.

韓Style의 특징적 외형은 다른 동양 각국과 차별화할 수 있는 대표적인 디자인 코드를 의미하는 것으로 세계적인 보편성으로 호환시키기 위해 필요한 것이 바로 디자인과 마케팅이다. 그럼 디자인은 어떻게 할 것인가? 그것은 시대의 'Trend, Target, Concept'에 따라 다양한 감각으로 풀어내야 한다.

② 한국의 대표 디자인코드 개발

동양권의 복식은 대부분 '깃'과 '넓은 두리 소매선', '평면적 재단방식' 등 공통적인 특징을 많이 가지고 있지만 중국의 경우는 만다린 칼라로, 베트남의 경우는 흰색과 통 넓은 바지로 자국의 정체성을 확실히 구별 짓게 하였다. 안타깝게도 우리 복식의 가장 큰 특징인 깃과 대의 착용은 서구권에서 거의 일본 것으로 인식되고 있다. 일본이 먼저 세계화에 성공하였기 때문이다. 따라서 우리 한복도 세계 시장에서 우리만의 특징을 확실히 구분 지을 수 있는 대표적 디자인코드의 개발이 절실히 필요하다.

③ 현대인의 패션의식 반영
③-1. 단순성과 편리성

20세기 초 기능주의와 실용주의를 강조한 바우하우스 운동을 시작으로 20세기 문화는 모더니즘 경향에 의해 기능성, 단순성, 추상성, 보편성, 경제성 등이 강조되었다. 패션에 있어서도 기존의 불필요한 장식과 과도한 실루엣이나 활동 방해 요소들은 사라지게 되었고 미니멀리즘의 경향이 강하게 나타나게 되며 이는 라이프 스타일에 맞게 더욱 합리적이고 기능적이며 편리성을 지향하는 현대 패션 시스템에서 가장 중요한 흐름으로 지속되고 있다. 한복 패션 또한 이러한 패션의 경향에 부응하여 단순성과 편리성 디자인에 더욱 주력할 필요가 있다고 생각된다.

③-2. 관능성과 젊음 – 성적 매력을 강조

현대 패션은 인체미를 강조한 시스 룩이나 바디컨셔스 룩, 페티시 룩 등을 통해 인체를 노출하고 성적 매력을 강조하였다. 패션에 있어서 이러한 관능미의 표현은 현대인에게 패션에 대한 관심을 이끄는 큰 요소라 할 수 있다. 또한, 젊음 지향은 현대패션에서 가장 중요한 키워드로 지적되고 있는 요소로 이를 고려한 한스타일 패션은 필수적이다.

④ 전통을 바탕으로 한 다양한 물적 자원 개발

세계패션 속에 코리안 스타일의 붐을 조성하기 위해 시급한 것이 다양한 소재 개발이다. 현재의 전통 소재만으로는 대중적 세계화를 실현하는 것은 불가능하다. 따라서 ① 최고급 지향의 전통 소재 개발 ② 대중적인 전통 소재 개발로 이원화하여, 다양한 물적 자원과 기술을 개발해야 한다. 즉, 전통소재들을 내구성, 탄력성 등 관리에 편리한 실용적인 현대감각의 소재로 개발하는 작업이 시급한데, 이를 위해서는 우리의 전통 직조법, 색상, 문양 등을 데이터베이스화하는 작업과 혁신적인 기술개발이 병행되어야 할 것이다.

⑤ 역사 · 전통 · 문화에 소양 있는 청년문화 육성 – 신진디자이너 인재육성

첫째, 한복패션의 세계화를 위해서는 한국·서양 패션에 모두 능통한 재원들을 육성하는 것이 시급하다. 요즈음의 패션 디자이너들은 대부분 서양패션에만 몰입되어 있다. 또한 한복디자이너들은 너무 한복에만 몰입되어 서양패션에 대한 지적 정보, 지식이 다소 미흡하다. 시대적인 한복의 구조를 체계적으로 익혀서 서양패션의 흐름·감각에 적용할 수 있는 즉, 한복을 디자인 감각으로 분석할 수 있는 디자이너 교육이 필수적인 것이다.

둘째, 한국복식사를 전공한 사람만이 한복을 할 수 있고 또는 서양패션을 전공한 사람만이 디자인을 잘 할 수 있다는 통념은 세계화를 위한 걸림돌임을 시대의 전환기 속에서 우리 모두 재고해야 할 것이다.

셋째, 한복의 외양만을 적당히 접목하는 방식으로는 세계화는 요원하며, 한복 정서의 정체성을 세계적인 공통된 미적 감각으로 전환시킬 수 있도록 다양한 디자인 교육이 제도화되어야 한다.

⑥ 국민의 한복에 대한 의식전환을 위한 정부의 제도적 지원

일부에서는 전통한복의 변형에 대해 전통문화의 파괴라 여기고, 또 다른 한편에서는 전통한복의 불편함과 구시대적 이미지 때문에 한복을 관심 밖으로 밀어내고 있다. 이제 국민들의 의식전환이 필요한 때이다. 전통은 전통자체로 유지하고 보존함과 동시에 또 다른 한편에서는 그 시대에 따라 변화해가는 전통의 '현대화'가 동시에 이루어져야한다.

이를 위해서는 과거의 전통만을 고집하거나 고정관념을 갖기 보다는 문화적 독자성과 보편성을 지니기 위한 관련 전문가들의 노력과 의식개혁, 국민들의 전통에 대한 관심, 정부기관의 제도적 장치가 뒷받침되어야 하며 이렇게 될 때 한복의 세계화는 더욱 앞당겨질 것이다. 단시일 내의 가시적인 세계화 실현을 염두해 두기 보다는 지속적인 연구와 정부 지원이 꾸준히 뒷받침되어야 한다. 일본 기모노 패션의 세계화는 바로 일본정부의 지속적인 지원정책에 의해 실현된 것임을 우리 정부는 주목해야 한다.

⑦ 시장 세분화 정책

우리나라 한복 시장은 10대에서 60~70대에 이르기까지 생활한복이라는 이름으로 거의 비슷한 디자인을 취하고 있다. 한복의 동질성은 통일감과 친근감을 부여하기도 하지만 때로는 이러한 성향들이 대중들이 한복에 대해 선입견을 가지게 하고 한복의 대중화, 세계화에 걸림돌로 작용하기도 한다.

최근 들어 젊은 층을 대상으로 한 생활한복 브랜드들이 증가하고 있으며 한복에 대한 젊은 층의 관심도 증가하는 추세이다. 이러한 시대 흐름에 맞춰 좀 더 적절한 대상의 연령과 취향, 그리고 착용에 적합한 상황의 제시 등 한복의 소비자시장을 세분화하여 다양한 상품을 기획할 수 있는 마켓 세그멘테이션이 더욱 필요한 시점이다.

⑧ 한국복식 교육의 학적 범주, 교육 범주의 재편성

동양적인 패션이 주도적인 현대 패션을 서양 미학적 관점으로 풀어가기에는 한계가 있다. 이러한 한계점을 극복하기 위해서는 일본적 패션 창조에 근원으로 적용된 일본 선(禪)철학의 정신세계의 탐구과정은 물론, 동양철학적 정신사상, 한(韓) 철학적 정신사상 등 현대 패션세계에 담긴 동양미학의 틀을 이해할 수 있는 연구가 필요하다.

다시 말해 동양적 패션의 미적 특성을 서양미학의 틀로 이해하는 현재의 학적(學的) 구조는 문제가 있으므로 이에 대응된 동양 한(韓) 철학적 미적 가치관을 정립이 요구된다.

Chapter 6.

패션과 예술

Chapter 6.

패션과 예술

> "나는 내가 만든 드레스에 서명할 때,
>
> 나 자신이 예술 작품의 창조자라는 생각이 든다."
>
> - Paul Poiret (1879 – 1944) -
>
>
> "옷을 디자인한다는 것은 내게 직업이 아니라 예술이다.
>
> 나는 그것이 가장 어렵고 만족을 허락하지 않는 예술이라는 것을 알았다.
>
> 옷은 탄생과 동시에 이미 과거의 것이 되어버리기 때문이다."
>
> - Elsa Schiaparelli (1890 - 1973) -

● 예술의 본질은 무엇인가?

'예술(藝術)'은 라틴어 아르스(Ars)에 기원을 두고 있다. 서양의학의 아버지 히포크라테스가 말한 "인생은 짧고 예술은 길다(Ars longa Vita brevis)"는 본래 '인생은 짧고 기술은 길다'는 의미로 히포크라테스는 뛰어난 기술 즉, '의술'이 영원할 것임을 말했던 것이다. 이후 '아르스'가 '아트(Art)'로 바뀐 뒤 '아트'가 가진 예술, 기술의 의미 가운데 예술이 널리 쓰이며 현재의 표현으로 굳어지게 되었다.

예술(藝術, art)은 미적(美的) 작품을 창조하는 미학적 특성을 지닌 창조 활동의 세계로 인간이 세상과 소통하기 위한 하나의 수단으로 작용한다. 예술은 특정 시대나 장소에 지배적인 정신의 영향을 받게 되는데 예술이 지닌 공통적인 사상의 시대적 흐름을 우리는 예술사조(藝術思潮)라 일컫는다.

● 패션과 예술의 관계 – 그렇다면 "패션은 예술인가?"

패션은 정치, 경제, 사회, 문화, 예술 등 그 시대의 시대정신을 반영한다. 특정 시대의 문화를 대변하는 패션에 표현된 미적인 가치는 대체적으로 그 시대에 유행하는 예술양식과 일치하는 경향을 보인다. 따라서 패션과 예술의 관계는 지난 수십 년 동안 활발히 논의되고 있으며 패션을 바로크, 로코코부터 팝아트, 포스트모더니즘에 이르기까지 광범위한 예술사조와 연관 지어 해석하기도 하며 패션의 미학적 측면을 강조하여 패션을 예술로 보기도 하고, 최근에는 패션과 예술 두 영역 간 컬래버레이션을 통해 패션은 예술과 만나 그 경계가 허물어져간다.

1. 19세기 예술과 패션

18세기 산업혁명 이후 과학의 발달은 기존의 생산방식에 획기적인 변화를 가져왔으며 유행 스타일의 변화 속도도 빨라졌다. 르네상스 이후 100년 단위로 변화하던 유행의 주기는 19세기에 이르러 엠파이어 스타일(Empire Style), 로맨틱 스타일(Romantic Style), 크리놀린 스타일(Crinoline Style), 버슬 스타일(Bustle Style), 아르누보 스타일(Art Nouveau Style)에 이르기까지 다양한 변화를 거듭하였다.

패션과 예술의 관계에 대해 이야기할 때 20세기 패션의 초석을 마련한 찰스 프레데릭 워스(Charles Frederick Worth)를 빼놓을 수 없다. 19세기 후반 크리놀린 스타일이 유행하던 시기, 프랑스 유제니 황후(Empress Eugénie de Montijo)의 쿠튀리에였던 워스의 명성은 프랑스를 넘어 유럽 전역, 미국에까지 이르렀다. 워스에 의해 프랑스 파리에서 오트 쿠튀르가 시작되면서 복식은 하나의 예술적 가치를 인정받는 작품으로 인식되었다. 워스는 기존 고객의 요구에 의해 제작되던 전통적인 관습에서 벗어나 옷을 만드는 패션디자이너의 창조성을 중요시하며 복식 디자인을 예술 창조의 경지로 끌어올렸다. 그는 자신의 작품에 하우스 상표를 도입해 예술가와 같이 자신의 서명을 부착하였으며 이는 수많은 패션 브랜드 라벨의 표준이 되었다.

Ball Gown, House of Worth, 1898, The Metropolitan Museum, New York

2. 아르누보(Art Nouveau) 패션

　19세기는 산업혁명과 과학기술의 발달로 근대화가 빠르게 추진되었으며 19세기 말에서 20세기 초에 걸쳐 유럽은 제국주의 국가들의 식민지 쟁탈과 자본주의의 발달로 과거에는 볼 수 없던 물질적 풍요와 평화를 누리며 벨 에포크(belle époque)의 전성기를 맞이하였다. 19세기는 예술 분야에 있어 과거 양식을 모방하고 재현하는 역사주의가 만연하였고 이에 따라 각국의 예술 중심지에서 새로운 양식에 대한 요구로 새로운 예술을 탐색하기 시작하였고 이는 다양한 형태로 나타났다. 아르누보 양식은 말 그대로 새로운 예술을 의미하며 독일 태생의 화상(畵商) 지크프리트 빙(Siegfried Bing, 1838~1905)이 1895년 파리에 문을 연 '메종 드 아르누보(Maison de l'Art Nouveau, House of New Art)'라는 화랑의 이름에서 유래했다. 아르누보는 기존의 예술을 거부하고 모든 분야에서 새로운 양식을 추구하고자 한 세기 전환기의 시대적 요구를 반영한 예술운동으로 원래 건축, 공예, 조각 등 장식 미술에서 사용되던 용어였지만 그 사용 범위가 점차 확대되어 패션에서도 적용되었다.

　아르누보 양식은 자연의 유기적이고 역동적인 곡선 장식을 특징으로 하며 비대칭적 생동감을 갖고 있다. 아르누보는 민족과 지역에 따라 다양하게 전개되었으며 일체의 과거 양식에서 벗어난 새로운 양식에 대한 공통된 필요성을 갖고 있었다.

온 세계에 보내는 입맞춤(베토벤 프리즈의 일부), 1902, 구스타프 클림트(Gustav Klimt)
Here's a Kiss to the Whole World!(detail of the Beethoven Frieze)©The Bridgeman Art Library

1900년대까지 복식에서는 S자형 스타일이 지배하고 있었으나 19세기 말 아르누보 양식의 유기적인 곡선은 당시 유행하던 엉덩이를 부풀려 강조한 버슬 스타일을 S-curve 실루엣으로 변화시키는 데 영향을 미쳤다. 인체의 곡선미를 더욱 강조하기 위해 여성들은 코르셋을 착용하고 가슴과 힙을 부풀려 옆에서 볼 때 부드러운 S자형을 이루어 아르누보 스타일은 S-curve 스타일이라 불리기도 했다.

아르누보 패션, 1900년대,
from Les Modes magazine

3. 입체주의(立體主義, Cubism) 패션

20세기 초 예술가들은 공간상에 나타나는 자유스러움을 형으로 표현하였다. 칸트는 공간을 철학적으로 규명하였으며 아인슈타인의 상대성 원리에 의해 시간과 공간의 개념이 규정되어 조형예술에 크게 영향을 미치게 된다. 조형예술이 공간 형성적 예술이라는 점에서 시간과 공간이 서로가 서로를 규정한 것이다. 공간적 요소를 다루는 조형예술은 작품과 감상자 간의 심리적인 시간성, 작품자체 내의 고유한 시간, 그리고 둘 사이의 관계에서 일차적으로 끝나버릴 수 있는 창조 행위 등 시간과 밀접한 관계를 지닌다.

이와 같이 3차원 개념에 시간이 부가된 4차원 개념을 통해 입체파가 형성되었으며 1908년 브라크(Braque)의 풍경화를 본 마티스가 「큐브(cube, 立方體)」라고 표현한 것이 큐비즘(cubism)-입체주의 명칭의 시초가 되었다. 큐비즘 회화 최초의 작례인 피카소(Picasso)의 『아비뇽의 여인들』(1906~07)은 인간의 구조를 기하학적 타원과 삼각형으로 단순화시키고 정상적인 해부학적 비율을 포기하여 표현한다. 그는 수학자에 의해 도입된 4차원 개념을 적용해 원근법의 기본 원리를 무시하고 한 화폭에 동일한 사물의 서로 다른 측면을 표현하였다. 입체파 화가들은 폴 세잔(Paul Cezanne)이 "자연을 원통(圓筒), 원추(圓錐), 구체(球體)로 다룬다."라고 말한 3차원적 시각을 통해 표면을 입체적으로 재현하는 것을 목표로 삼았다. 큐비즘은 르네상스부터 이어져 온 유럽 회화를 리얼리즘적 전통에서 해방시킨 회화 혁명으로 큐비즘에 의해 유럽 회화는 유럽 회화를 특징지어 온 2가지 핵심 요소-인간 현상의 고전적인 규범과 일점 원근법의 공간적 환영주의와 결별하게 되었다.

즉, 큐비즘은 시각적 지각의 실체가 아니라 관념의 실체에서 취한 요소들로 새로운 총체를 그리는 미술이다. 큐비즘의 표현 방식은 순수한 조형작업을 통한 리얼리티의 추구이며, 이러한 결과로 형과 공간을 일체화함으로써 단순하면서도 세련된 양식의 추상회화로 발전해 갔다. 또한 화면 위에 현실의 오브제를 도입함으로써 표현 자체를 더욱 현실화, 실제화하려는 경향으로 나아갔으며 긍정적 측면에서의 새로운 물질에 대한 조형적 실험은 여러 가지 예술운동으로 전개되어 갔다. 4차원의 표현을 취한 큐비즘 회화는 이지적이고 관념적인 사상의 예술이라 할 수 있다.

큐비즘 회화에 표현된 대표적인 특징으로 기하학적 조형, 동시성, 투명성을 들 수 있다.

기하학적 조형은 우연적인 것들을 대상으로부터 떼어 버리고 오직 직선과 곡선, 면과 입체의 형태 구조에 의존함으로써 보다 순수한 본래의 형태를 표현하는 것으로, 순수한 기하학적 형태를 추구한다. 즉 물체의 형태를 플라톤적 순수성으로 실현하는 것을 의미한다.

동시성이란 입체파의 대표적 특성으로 많은 시점들의 공존(共存)을 시각화한다. 즉 하나의 평면 위에 시간상의 미학적 경험의 지속을 표현하고 대상을 해체해서 내적 구성을 파악하여 시각의 척도를 확정한다. 도형을 동시에 표현하는 방법을 채택하여 시각의 연속적인 이동(시점의 복수화)을 보여준다. 즉 4차원의 표현인 것이다. 피카소가 1912년에 그린 '아비뇽의 처녀들'을 보면 얼굴에 동시성에 대한 입체파 연구가 반영되어 옆얼굴과 정면의 얼굴이 동시에 나타난다.

투명성이란 시각적 특성 이상의 것으로 더 넓은 공간질서를 함축한다. 상호간의 시각적인 파괴 없이 상호 침투하여 형태에 투명성을 부여하게 되는데 대상을 투명한 판으로 평면화하고, 이를 중복시켜 입체를 다면적으로 단편화한다. 이후 대상을 재조립하면 대상의 윤곽들이 상호 침투되어 교차되는 효과를 볼 수 있다.

Bottle and Fishes, 1910–1912
Tate Gallery, London

Les Demoiselles d'Avignon, Pablo
Picasso, 1907

큐비즘은 회화에서 시작하여 건축, 조각, 공예 등으로 퍼지면서 국제적인 운동으로 확대되었으며, 당시 유행하던 패션 스타일에도 영향을 미치게 된다. 패션에 표현된 큐비즘의 특성을 살펴보면 직선과 곡선, 면과 입체의 형태 구조에 의존하여 순수한 본래의 형태를 추구한다. 복식에서 원, 삼각형, 사각형 등 단순화된 기하학적 조형 형태를 이용하여 의복을 하나의 덩어리로 표현한다.

다(多)시점으로 관찰된 형태들을 하나의 면 즉 하나의 공간에 동시에 표현하기 위해 공존(共存)을 시각화하는 개념인 동시성(同時性)은 대상을 해체해서 내적 구성을 파악하는 것을 말한다. 의복에서 동시성은 한 의복을 분해, 해체하여 다른 아이템으로 재구성하거나 셔츠나 스웨터를 해체하여 스커트로 만들거나 바지를 분해하여 롱스커트로 표현하는 것 등에서 찾아볼 수 있다. 패션에서의 투명성은 내부와 외부의 상호 관입을 나타내는 것으로 의복이 겹쳐져 있어도 그 윤곽들이 상호 침투, 교차하게 되어 공간 속의 인체를 파악하게 한다.

특히, 큐비즘은 자연의 여러 형태를 기하학적인 형상으로 환원하였는데, 이는 패션에서 단순하고 실용적이며 기능적인 디자인으로 나타나 20세기 여러 디자이너들에게 영향을 주었다.

폴 푸아레(Paul Poiret)부터 장 파투(Jean Patou), 마들렌 비오네(Madeleine Vionnet), 크리스토발 발렌시아가(Cristobal Balenciaga), 피에르 가르뎅(Pierre Cardin), 앙드레 쿠레주(André Courrèges), 로베르토 카푸치(Roberto Capucci), 이세이 미야케(Issey Miyake) 등 20세기를 대표하는 디자이너들의 디자인에서 큐비즘 패션을 찾아볼 수 있다.

1920년대를 대표하는 디자이너 장 파투(Jean Patou)는 모더니즘과 큐비즘에 심취하여 기하학적 컬러 블록(blocks of color) 스웨터로 유명했는데, 파투는 그의 디자인에 큐비즘 스타일의 현대적인 기하학 모티프를 자주 사용하였으며 이는 〈보그(Vogue)〉 잡지에서 정기적으로 기사화되곤 했다. 1930년대를 대표하는 디자이너 마들렌 비오네(Madeleine

Vionnet)의 작품에는 뛰어난 조형감각과 옷감에 대한 이해력을 바탕으로 한 독특한 의상 구성방법이 담겨 있다. 그녀는 소재특성에 맞는 재단법을 중시하여 다양한 재단법을 개발하였으며 의상 디자인에 삼각형, 사각형, 마름모꼴의 재단을 활용하여 기하학적인 큐비즘의 특성을 보여준다.

파투의 기하학적 패턴의 수영복 디자인(1928).

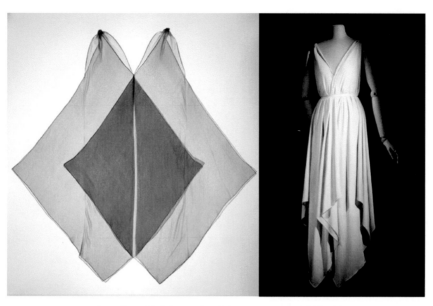

handkerchief dress, Madeleine Vionnet, 1919-20

　1950년대를 대표하는 디자이너 발렌시아가는 입체적인 조각 작품과 같은 디자인을 통해 '패션의 건축가'로 불리며, 대리석으로 작업하는 조각가와 같은 방식으로 직물을 사용하였다고 기록되고 있다. 1960년대 피에르 가르댕(Pierre cardin)은 다이아몬드, 원, 사각형 등 기하학 형태를 사용한 건축적 디자인을 통해 바우하우스를 연상하게 하는 형식주의의 고전적 단순성을 표현하였다. 로베르토 카푸치는 입체 구조물을 해체하고 분석하는 입체파적 표현주의의 특성을 조각적인 형태로 표현하고 있다. 그의 작품은 주로 기하학적 형태를 의상의 전체적인 실루엣에 적용시켜 대담하게 변형하였으며 기하학에 기초를 둔 조형이념으로 구조적 의상을 일관되게 창작하여 '직물의 미켈란젤로'로 불리기도 하였다. 그는 발렌시아가의 전통을 따라 건축사와도 같은 구조적인 재단 방법을 채택하였고 평면적인 도형을 이용한 입체적인 실루엣을 구성하여 입체파의 분석적 시기에 볼 수 있었던 형태의 파괴와 재조직을 구현하는 듯한 디자인을 선보였다. 또한 입체 구조물을 해체하고 분석하는 입체파적 표현주의의 특성을 조각적인 형태로 표현하였다. 로베르토 카푸치의 영향을 받은 이세이 미야케는 '꿈을 입히는 건축가'로써 그의 디자인은 입체주의적인 구조적 창작성을 표현한다. 이세이 미야케의 작품을 보면 인체와 천이 상호 존재하는데 초점을 두어 옷과 인체 사이에 형성되는 공간이 몸의 움직임에 따라 변함으로써 공간이 서로를 흡수하면서 움직임에 의해 하나가 된다. 이 외에도 큐비즘-입체주의는 수많은 패션 디자이너들에게 영감을 제공하며 디자인에 응용되고 있다.

Roberto Capucci Dress, 1956   Roberto Capucci, 1982

4. 초현실주의(超現實主義, Surrealism) 패션

　초현실주의란 제1차 세계대전 이후 합리주의와 자연주의에 반대하여 프로이트의 정신분석의 영향을 받아 무의식의 세계 혹은 꿈의 세계의 표현을 지향하는 예술 운동으로, 이성에 속박되었던 인간 심층의 무의식을 표현함으로써 이성적 관념에서 해방되어 진정한 자유를 찾으려 했던 초현실적, 비합리적, 전위적 문예사조를 말한다. 20세기 전반기를 휩쓴 가장 실험적이고, 영향력이 컸던 예술운동인 초현실주의는 1917년 프랑스 작가 기욤 아폴리네르(Guillaume Apollinaire)에 의해 처음 사용되어졌다. 그는 처음에 쉬르나튀랄리슴(surnaturalisme, 超自然主義)이라는 용어를 사용하려고 했으나, 철학 용어로 오해받을 것을 염려하여 초현실주의로 고쳐 사용했다고 한다. 이후 앙드레 브르통(André Breton)이 1924년 《쉬르레알리슴 선언(Manifestes du Surréalisme)》을 발표하였으며 1925년에는 초현실주의 운동의 첫 종합전이 파리에서 개최되었다.

　1차 세계대전 이후 1920년대 유럽에서는 정치, 경제, 사회, 문화, 예술의 모든 영역에서의 변혁이 일어났다. 특히 합리주의에 내재된 폭력과 억압이 제1차 세계대전을 가져왔다고 보고 합리주의에 대한 반역과 상상력의 해방을 제창하였으며 이성(理性)의 지배를 받지 않는 공상·환상의 세계를 중요시하였다. 이에 따라 기성미학과 도덕에 관계없이 표현의 혁신을 꾀하기 시작하였으며 사람들은 이성에 속박되었던 인간 심층의 무의식을 표현하였다. 초현실주의는 전통에 대한 거부로 시작되었으나 그 사상적, 문학적 이념의 뿌리는 과거에 근거하고 있다.

초현실주의 예술의 표현기법으로는 자동기술법-오토마티슴(Automatism), 프로타주(frottage), 데칼코마니(décalcomanie), 데페이즈망(dépaysement), 트롱프뢰유(trompe l'oeil) 등이 있다. 자동기술법이란 초현실주의 예술에 있어서 가장 중요한 개념으로 무의식에 떠오르는 생각들을 그대로 '받아쓰기'하는 것처럼 표현하는 것을 말한다. 회화에서는 손끝이 가는 대로 작품을 완성하는 방법을 말하며 자동기술에 의해 완성된 그림은 외적인 현실이 심리적 현실로 대체되고, 쾌락의 원칙이 화폭을 지배하게 된다. 프로타주는 '문지르다'를 의미하는 불어로 거칠고 울퉁불퉁한 다양한 표면들 위에 종이를 대고 연필 등으로 문질러 아래에 깔린 표면의 형태들이 드러나게 하는 기법이다. 데칼코마니는 전사법(轉寫法)이란 뜻으로 어떠한 무늬를 특수 종이에 찍어 얇은 막을 이루게 한 뒤 다른 표면에 옮기는 회화 기법으로 초현실주의 화가 막스 에른스트(Max Ernst, 1891-1976) 등 초현실주의자들이 즐겨 사용하던 기법이다. 데페이즈망(dépay-sement)이란 '추방하는 것', '환경의 변화'를 뜻하는 말로 어떤 물건을 있어야 할 곳이 아닌 일상적인 환경에서 추방하여 이질적인 환경으로 옮겨 기이한 만남을 현출시키는 기법을 의미한다. 그 결과 합리적 의식을 초월한 초현실의 세계가 전개되며 이를 통해 보는 사람의 감각에 강한 충격 효과를 주게 된다. 트롱프뢰유란 실물과 같을 정도의 철저한 사실적 묘사를 통한 눈속임 기법으로 속임수 그림이라 할 수 있다. 정교한 눈속임을 통해 시각적 충격을 자극하는 것으로 초현실주의의 대표적인 표현 기법이다.

자동기술법, 블로냐의 조각, 앙드레 마송

La Decalcomania by Rene Magritte, 1966

Golconda, 르네마그리트, 1953

초현실주의가 유행하던 1930년대는 세계 경제대공황과 제2차 세계대전의 영향으로 패션은 전체적으로 침체기였다. 1930년대 패션은 젊은이들의 모드에서 성인 모드로 바뀐 시기로 우아한 스타일의 슬림&롱(slim & long) 실루엣의 여성적인 복식미가 부활하였는데 이는 가정에 다시 돌아간 여성들이 여성 본연의 우아한 아름다움을 되찾으려고 했던 심리가 반영된 것이라 할 수 있다. 제2차 세계대전이 임박해지면서 신체부위의 과장, 이동, 전위 등의 기법들이 패션에 응용되면서 당시 사람들의 불안하고 현실 도피적인 심리를 반영한 초현실주의 패션이 눈길을 끌었다. 하이힐 형태의 모자나 신체부위를 그려 넣은 의상, 새 날개 모양의 의상, 의상의 앞뒤가 도치된 의상 등 반이성적 표현과 전위적이고 자극적인 초현실주의 디자인이 유행하였다.

초현실주의를 대표하는 디자이너로 엘자 스키아파렐리(Elsa Schiaparelli, 1890-1973)를 들 수 있다. 스키아파렐리(Elsa Schiaparelli)는 그 당시 살바도르 달리(Salvador Dali), 장 콕토(Jean Cocteau) 등 초현실주의 예술가들과의 활발한 교류를 통해 콜래보레이션을 시도하였으며 이들과의 공동 작업은 초현실주의 패션으로 불리게 되는 작품들을 탄생시키는 배경이 되었다. 이는 패션과 예술의 연관성을 보여주며 이후 20세기 패션과 예술의 실질적 콜래보레이션이 일어나는 데에 큰 영향을 주게 된다.

스키아파렐리가 처음 국제적 명성을 얻게 된 것은 1927년 니트웨어 컬렉션에서 선보인 리본이 달린 것 같이 착각하게 만드는 트롱프뢰유(Trompe l'oeil)스웨터였는데 여기에서 보여준 그녀의 위트 넘치는 상상과 독창성은 이후 그녀의 작품 세계의 핵심적 특징이 된다. 1930년대 스키아파렐리는 의상, 직물, 자수, 액세서리, 광고 등 다양한 분야에서 초현실주의 예술가들과의 컬래버레이션을 통해 그녀의 예술적 영감과 아이디어를 패션에 표출하며 독창적이고 예술적인 작품 세계를 형성하였다. 살바도르 달리와의 작업으로 탄생한 책상 서랍 장식이 달린 Desk Suit(1936), 신발 모양의 모자 Shoe Hat(1937), 장 콕토의 드로잉과 르사주(Lesage) 쿠튀르 자수 공방과의 컬래버레이션으로 탄생한 독특한 재킷, 새장 모양의 핸드백, 곡예사 모양의 단추, 아스피린 목걸이 등 초현실주의의 영감은 스키아파렐리의 디자인에서 환상적이고 자유롭게 표현되었다. 그녀는 사물과 그 안에 담긴 정신세계까지도 패션 디자인에 적용하였으며 화려하고 자극적인 '쇼킹 핑크(shocking pink)'를 개발하여 상징색으로 사용하기도 하였다.

스키아파렐리는 상상과 유머, 위트를 반영한 초현실주의 패션을 통해 의복의 기능과 목적, 형태, 가치에 대한 고정 관념을 깨뜨렸고 스키아파렐리의 이러한 시도들은 후에 수많은 패션 디자이너들에게 영감을 제공하며 20세기 후반 포스트모던 패션의 부상에 중요한 영향을 미치게 된다.

초현실주의 패션은 반(反)패션이라는 의미의 파격적인 모습을 선보인 점에서 의미가 있으며, 20세기 후반부에 나타난 많은 저항패션들을 예고하였다. 또한 예측불허의 21세기 현재까지 수많은 패션디자이너들의 작품에서 더욱 다양하게 표현되며 초현실주의 예술과 패션의 관계를 이어오고 있다.

트롱프뢰유 니트
Elsa Schiaparelli

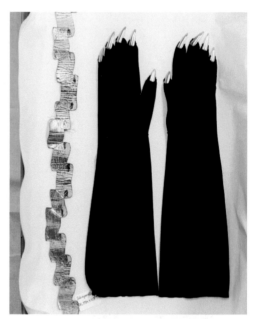

Gloves & belt, Elsa Schiaparelli

Black silk taffeta, Elsa Schiaparelli
Brooklyn Museum Costume Collection at The Metropolitan Museum of Art

Black long fitted skeleton ribs dress, Elsa Schiaparelli and Salvador Dali, 1938

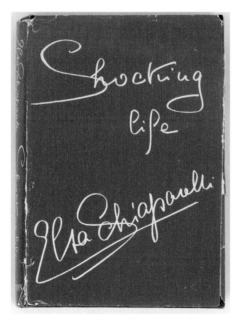

shocking life,
Elsa Schiaparelli

Evening jacket, Elsa Schiaparelli,
1939–40, FIDM museum

5. 팝 아트(Pop Art) 패션

팝 아트(Pop Art)란 Popular Art(대중예술)의 줄임말로 자본주의 사회가 만들어낸 소비문화의 대중미술을 의미한다. 영국 미술평론가인 Lawrence Alloway에 의해 1954년 처음 사용되었으며 상업적 문화를 통칭한다.

1950년대 미국과 영국에서 시작된 전위예술운동인 팝아트는 추상표현주의의 주관적 엄숙성에 대한 반항을 보여주는 구상회화의 한 경향이다. 현대 기계문명과 상업주의 팽배 속에 기존 예술의 표현 방법과는 달리 매스미디어와 광고 등 대중 문화적 시각이미지를 예술의 한 영역으로 끌어들여 순수예술과 대중예술이라는 이분법적 위계구조를 불식시켰다.

그렇다면 팝 아트는 왜 생겨났을까?

1950년대는 미국과 영국 등지에서 대량생산과 소비가 절정에 있었다. 광고판과 대중매체를 통해 넘쳐나는 각종 시각 이미지들은 하나의 '자연'이자 '환경'으로 받아들여지기 시작하였다. 이러한 상황 속에 추상표현주의에 식상한 화가들이 경쾌하고 가벼운 대중문화의 이미지들을 그림에 등장시켰으며 만화나 TV, 잡지광고들에 자주 등장하는 이미지들을 그들의 예술적 기호로 채택하였다. 1956년 영국에서 열린 전시 '이것이 내일이다(This is Tomorrow)'에 리처드 해밀턴(Richard Hamilton)이 출품한 《오늘의 가정을 그토록 색다르고 멋지게 만드는 것은 무엇인가?(Just What Is It That Makes Today's Home So Different, So Appealing?)》라는 작품은 영국에서 만들어진 최초의 팝 아트 작품으로 팝 아트의 고전이 되었다. 이 작품에는 진공청소기로 청소를 하는 여자와 광고문, 머리 건조기를 쓰고 있는 여인의 누드, 육체를 과시하는 남자의 누드, 햄 통조림, 녹음기, 만화 포스터 등을 통해 대량소비시대를 상징한다. 이 그림을 통해 해밀턴은 소비적이고 쾌락적인 것에 집착하는 젊은 세대와 대중문화를 간접적으로 풍자하였다.

팝 아트는 대중이 소유하는 범속한 이미지를 통해 소비 환경과 대중의 심리를 표현하며 이는 다중적 이미지를 지닌다. 팝 아트는 전형적인 스타일, '양식'이란 개념이 없으며 순수예술, 고급예술의 엘리트주의(elitism)를 공격하고 예술을 범주화하는데 반대한다.

사진을 이용한 광고 이미지, 통속적 애니메이션, 대중영화, 팝뮤직, 마돈나와 같이 친숙한 인물, 캠벨 수프, 코카콜라와 같이 인기있는 음식물 등 대중들에게 익숙한 소재를 사용하여 예술의 의미를 애매모호하게 만드는 작품을 표현한다. 풍자적, 저렴한 것, 에로티시즘, 상품성, 대량생산성, 소모성, 청소년 문화에 근거하여 소비사회 속에서 느껴지는 공감 속의 리얼리티를 작품에 반영한다. 팝 아트는 신문, 잡지, 삽화, 광고, 의복이나 음식물, 지

폐 등 일상생활에서 쉽게 볼 수 있는 것들을 대상으로 하며 싸구려이고 경멸스러운 주제일
수록 환영한다.

팝 아트의 대표 작가로 앤디 워홀(Andy Warhol), 로이 리히텐슈타인(Roy Lichtenstein)
등이 있는데 앤디 워홀은 미국 팝아트의 선구자로 대중예술과 순수예술의 경계를 무너뜨리
고 예술 전반에서 혁명적인 변화를 주도하였다. 뉴욕 출신의 팝아티스트 로이 리히텐슈타인
은 미키 마우스와 도널드 덕 등 미국의 대중적인 만화를 작품 소재로 선택하여 저급문화로
알려진 만화를 회화에 도입해 일상과 예술의 경계를 허문 팝아트의 대표 작가이다.

Black Bean, Andy Warhol, 1968,
Screenprint on paper

Banana, Andy Warhol, 1967

행복한 눈물, Roy Lichtenstein, 1964

팝 아트의 대표적 표현 기법으로 콜라주(Collage), 앗상블라주(assemblage), 그라타주(grattage), 그래피티(graffiti), 실크스크린(screenprinting, silkscreening, serigraphy) 등을 들 수 있는데 콜라주란 큐비즘의 파피에 콜레(papier collé)-종이 붙이기가 발전된 것으로 '풀로 붙이는 것'을 의미한다. 앗상블라주란 '집합', '조립' 등의 뜻으로 종이 대신 오브제를 써서 만든 삼차원의 콜라주나 콜라주 조각을 말한다. 그라타주는 마찰 또는 긁어 지우기 등을 뜻하며 색을 두껍게 칠하고 긁어낼 때 색의 두께의 변화에 따라 미묘한 시각적 효과를 얻을 수 있다. 그래피티는 '긁다, 긁어서 새기다'라는 뜻의 이탈리아어 'graffito'와 그리스어 'sgraffito'에 어원을 두고 있는 낙서기법으로 2차 세계대전 이후 미술로 등장하였으며 거리 예술(street art)로 자리를 잡았다. 실크 스크린은 판 재료에 실크가 사용되는 판화, 인쇄 기법 중 하나로 판화기법 중 제작과정이 간편하고 단시간 내에 수십 장을 찍어낼 수 있어 상업적인 포스터나 복제 회화 등에 많이 이용된다. 팝아트의 거장 앤디 워홀 등 많은 팝 아트 작가들이 작품 제작에 실크스크린 기법을 사용한 것으로 알려져 있다.

팝 아트의 등장으로 일상 소재가 예술의 재료가 되면서, 예술의 영역은 패션으로까지 확장되었다. 팝 아트 패션은 기존 우아미와 세련미를 중시하는 종래의 복식개념에서의 혁명과도 같다. 현대적 감각의 팝아트 패션은 형태면에서는 단순하고 색채면에서 대담하며 화폐, 만화 등 일상생활에서 흔히 접할 수 있는 대중적 소재 사용으로 물질 만능주의를 풍자한다.

Paper Pop Art "The Souper Dress",
American, 1966-67.

일상적 오브제의 사용으로 기존의 사고방식에서 탈피한 팝 아트 패션은 전통복식에 대한 기본 개념과 고정관념에서 탈피한 부조화, 부적절함의 요소를 갖는다. 1960년대 팝 아트의 유행과 함께 입생 로랑(Yves Saint Laurent)과 같은 패션디자이너들은 앤디워홀 등 팝 아티스트들의 작품을 연상시키는 팝 아트 패션을 선보였으며 1980년대에 이르러서는 좀 더 대담하고 실험적인 옷을 디자인하였다. 오늘날 패션 산업에서 팝 아트는 예술과 패션의 컬래버레이션으로, 혹은 디자인의 원천으로 가장 많이 응용되는 예술사조 중 하나이다.

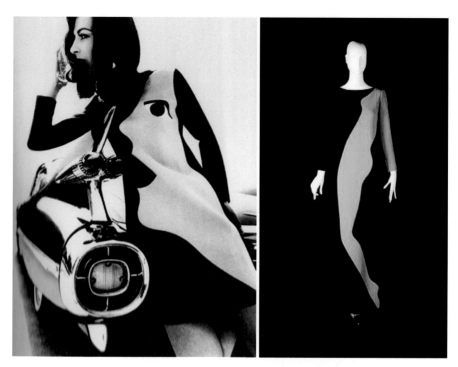

Pop Art Dress Yves Saint Laurent, 1966

6. 옵 아트(Op Art) 패션

옵아트(Op Art)란 Optical Art의 줄임말로 추상적인 무늬와 색상을 반복하여 실제로 화면이 움직이는 듯 한 시각적 착각을 일으키는 추상미술을 의미한다.

제 2차 세계대전의 종전과 더불어 급속한 정치, 경제, 사회 변혁이 이루어지고 젊은 세대가 기성세대의 전통과 관습에 도전하여 그들의 주장을 강하게 표출하면서 생동감이 넘치는 시대적 분위기를 형성하기 시작하였다. 예술 분야에 있어서 기존 예술의 너무 깊은 작품성과 주관성 때문에 이해하기 힘들었던 추상표현주의에 대한 반동으로 대중문화를 예술화하여 대중들에게 친숙하게 다가가고자 하는 팝아트가 등장하였으며, 팝아트가 지나치게 상업주의적이고 상징적이라고 여긴 일부 작가들에 의해 작가의 사상이나 정서와 무관하게 순수한 시각적 효과만을 추구한 옵아트가 탄생하였다. 1965년 뉴욕 현대미술관에서 개최된 전시회 '감응하는 눈(The responsive Eye)' 이후 Time지에서 처음으로 Op Art라는 용어를 사용하며 하나의 예술 분야로 정착하였다.

옵아트는 평행선이나 바둑판무늬, 동심원과 같은 단순한 형태의 반복과 색채의 긴장상태를 유발하는 등의 방법으로 시각적 착시 현상을 일으켜 3차원적이고 역동적인 느낌을 추구한다. 사상이나 정서에 대해서는 다루지 않고 조직적이며 계산적이고 차가운 느낌을 준다. 옵아트에서 착시현상을 일으키기 위해 사용하는 표현방법은 크게 형태적 표현과 색채적 표현으로 나누어 볼 수 있다. 형태적 표현은 매우 다양하게 전개되는데 한 화면에 도형과 바탕을 모호하게 만들어 도형과 바탕이 뒤바뀔 수 있는 형태로 표현하는 전경-배경(figure-ground) 표현방법이 있다. 그림을 예로 들면, 심리학자 에드가 루빈이 고안한 '루빈의 꽃병'이라 불리는 검은 색을 꽃병은 figure로 인식 했을 때 흰색은 배경-ground가 되지만 반대로 흰 색을 옆얼굴이라는 figure로 인식했을 때 검은색이 배경-ground가 되는 것을 볼 수 있다. 바둑판무늬도 그림과 바탕 표현방법의 대표적인 예라 할 수 있다.

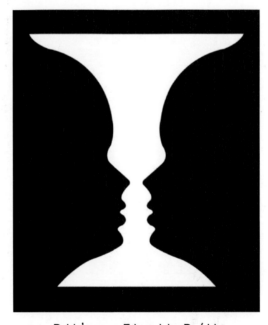

Rubin's vase, Edgar John Ru´bin

또한 형태의 가장자리 부분을 단계적으로 점점 커지게 하거나 작아지게 하는 구도, 색채원근법 등을 이용해 시각적인 착각과 환상적 공간을 표현하거나, 사각형, 원형, 줄무늬와 같은 단순한 기하학형을 기본 형태로 일정한 원칙에 의해 그것을 변형시키면서 또 다른 형태를 이루게 하여 그림이 팽창되거나 수축되어 보이는 시각적 착각을 표현하기도 한다.

색채적 표현으로도 시각적 착시를 유도할 수 있는데 색의 혼합을 통한 시각적 착시는 조르주 쇠라(Georges Pierre Seurat)의 '그랑드 자트 섬의 일요일 오후(Sunday Afternoon on the Island of La Grande Jatte)'의 그림과 같이 신인상주의 작가들의 시각 혼합의 원리를 이용한 점묘법에서 이미 선보인 바 있다. 점묘법은 색채를 섞을 때 팔레트 위에서 안료를 실제로 혼합하는 것이 아니라 화면에 작은 색 점을 인접하게 찍어두고 이를 거리를 두고 바라볼 때 눈에서 시각적으로 혼색되어 보이는 착시 현상을 말한다. 잔상은 시각적으로 받은 어떤 정보의 여파가 사라지지 않고 계속되는 현상으로 잔상은 대개 보색이나 반대색으로 나타나게 된다. 옵아트 작가들은 이러한 잔상 현상을 이용하여 시각적 착시를 유발하기도 하였다. 색들은 주변 색의 영향으로 색상, 채도, 명도 등이 변하는 대비 현상이 일어나는데 옵아트 작가들은 이러한 대비를 이용하여 그림의 효과를 얻곤 하였다.

옵아트의 대표 작가로는 빅토르 바사렐리(Victor Vasarely)와 브리짓 라일리(Bridget Riley)를 들 수 있는데 바사렐리는 헝가리 출신의 옵아트 작가로, 옵아트의 아버지라고 불린다. 밝고 역동적인 색의 사용과 부분의 미묘한 변화를 통해 화면에 시각적인 생생한 움직임을 부여한 것이 특징이다. 영국 출신의 옵아트 작가로 옵아트의 어머니라고 불리는 브리짓 라일리는 1959년 쇠라의 영향을 받아 시각적 효과를 추구하였으며 1965년 'The Responsive Eye' 전람회에 작품을 출품하여 옵아트의 대표 작가로 평가받게 되었다.

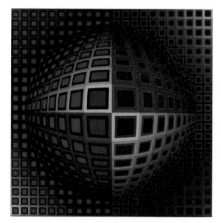
Vega-Nor, Victor Vasarely, 1969

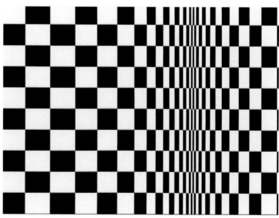
Movement in Squares, Bridget Riley, 1961

이러한 옵아트는 당시 예술계에 영향을 미치기는 했으나 인간적 사고와 정서를 배제한 지나치게 차가운 예술로 일반 대중들에게 지지를 받지 못하며 예술계에서 멀어지게 된다. 1960년대 뉴욕을 중심으로 유행한 옵아트를 활용한 옵 패션(Op Fashion)은 여전히 시각적 착각을 유도하며 패션계에 끊임없이 등장하고 있다.

옵아트 수영복, 1966

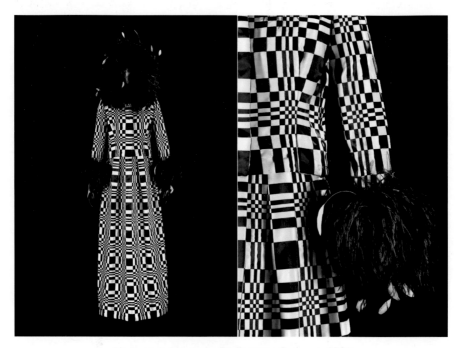

Homage to Vasarely, By Roberto Capucci, 1965

Gareth Pugh, 2011S/S. http://www.style.com

7. 포스트모더니즘(Postmodernism) 패션

포스트모더니즘이란 모더니즘에서 벗어난다는 의미의 탈(脫)과 지속한다는 '이후'라는 의미를 지닌 접두어 'post'로부터 파생된 말로 '탈 모더니즘', '모더니즘 이후'로 이해할 수 있다. 영국의 역사가 아널드 토인비(Arnold J. Toynbee)가 『역사연구』에서 19세기 말 이후 서구 근대 문명의 위기를 지칭하는 개념으로 포스트모던이라는 용어를 처음으로 사용했다.

19세기 유행한 사실주의(Realism)와 자연주의(Naturalism)에 대한 반발로 새로운 경향의 예술인 모더니즘(Modernism)이 등장하였고, 모더니즘 예술에 대한 반발로 다시 포스트모더니즘이 등장하였다. 20세기 전반 등장한 모더니즘 예술은 점차 추상화되어 가며 대중들이 이해할 수 없는 어려운 미술이 되었고 상대적으로 구상 회화는 수준이 낮은 저급 미술로 취급되었다. 포스트모더니즘은 이러한 고급 미술과 저급 미술의 구분에 대한 반발로, 그리고 테크놀로지의 발달로 인해 구세대를 대표했던 모더니즘적 세계관이 더 이상 유효하지 않다는 인식과 더불어 1960년대 후반 시작되었다. 1950년대 문학 비평문학에서 시작된 포스트모더니즘은 1960년대 전위적인 무용과 연극으로 영역을 확대하였으며 이후 1970년대 건축분야에서 신건축의 등장과 함께 사회 모든 영역 전반으로 확대되어 1980년대부터 널리 사용되었다. 포스트모더니즘은 하나의 문화운동을 넘어 정치 ·경제 ·사회의 모든 영역과 관련된 예술사조로 최근에는 전 세계적으로 거의 모든 분야에서 의식의 전환을 가져오는 한 시대의 이념이 되었다.

Nationale—Nederlanden Building, Prague, Czech Republic, Design
; Frank O. Gehry & Associates, Inc. & Vladimir Milunic, 1996

그렇다면 포스트모더니즘의 특징은 무엇일까?

모더니즘이 바우하우스의 기능주의와 결부되어 비교적 단순한 요소로 이루어져 있고, 파편화된 현실에 통일성과 총체성, 그리고 질서를 부여하려고 노력했다면 포스트모더니즘은 이질적 요소의 혼합, 과거 작품의 인용 등 기존 규범을 해체하면서도 종합을 지향하였다. 현실의 파편성과 비결정성, 불확실성을 그대로 받아들이고 탈중심과 다양성을 추구한 포스트모더니즘은 대중들과 소통을 할 수 있는 것이면 어떤 것이든 예술로 인정하였다. 포스트모더니즘 예술에서는 예술가의 자율성이 보장되었고, 과거에는 생각하지 못했던 주제와 방법으로 개성이 강한 작품이 제작되었다. 또한 이전 시대와 달리 다른 사람들이 이미 작품에서 선보인 이미지나 아이디어, 기법 등을 활용해서 작품을 만들었고 이 역시 하나의 예술로 인정받았다. 절충주의적이고 다원주의적인 포스트모더니즘은 상대성, 다원론, 관용주의로 표현된다. 포스트모더니즘에서는 시간과 공간을 초월한 시대적, 문화적 공유현상이 두드러지며 다른 시대, 다른 문화로부터 양식과 이미지를 차용한다. 또한 작품의 유기적 통일성을 부정하며 편리성, 임의성, 유희성을 설득력 있는 예술 원리로 받아들인다. 엘리트주의의 고급문화에 반대하는 대중문화, 기성 문화에 반기를 든 청년 문화를 비롯한 반(反)문화, 제 1세계나 제 2세계 문학에 도전하는 제3세계 문학, 가부장적 남성중심주의에 항거하는 페미니즘 문학 등이 포스트모더니즘에 포함되며 이는 고급문화와 대중문화 사이에 놓인 커다란 장벽을 허물어 버린다.

　포스트모더니즘 패션은 다원주의와 절충주의를 지향하는 스타일을 보여준다. 비주류였던 반문화, 대중문화, 제 3세계 문화(비서구 문화), 페미니즘 문화 등이 주류들로 부상되면서 패션의 주제 역시 다원화되고 주류와 비주류간의 절충을 추구한다. 하이패션의 전유물로 여겨지던 패션 아이템들이나 매스패션의 전유물로 여겨지던 아이템들이 경계구분 없이 절충되어 활용되며 서로 다른 이질적 요소가 무작위적으로 조합된 부조화의 조화를 보여준다.

Lace Sweater, Comme Des Garçons, 1982

Corset Dress,
Yves Saint Laurent, 1991-2

성별 간, 스타일 간, 시대 간, 지역 간에 걸쳐 모든 요소들이 섞여 부분적으로 이용되고 재현된다. 구체적으로 포스트모더니즘 패션은 복고풍, 민속풍, 그런지 룩(grunge look), 앤드로지너스 룩(androgynous look), 절충주의(eclecticism), 혼성모방(pastiche), 해체주의(deconstruction) 패션, 스트리트 패션(street fashion) 등으로 나타난다.

1980년대 이후 패션은 포스트모더니즘(postmodernism)의 영향으로 서구 패션디자이너들은 그동안 소외되었던 일본이나 중국과 같은 아시아, 아프리카 등 토속 문화나 민속복식에서 영감을 받은 에스닉 룩(ethnic look)을 선보였다. 또한 포스트모더니즘의 해체주의적 사고는 인체의 비례와 미의 기준과 같은 일반적인 규칙을 거부하고, 모든 관습들을 파괴하며, 새로운 옷의 형태와 구조를 창조하였다. 1982년 레이 가와쿠보(Rei Kawakubo)가 발표한 구멍 나고 찢어진 '레이스 스웨터(Lace Sweater)'는 의복의 파괴를 암시하는 해체주의 패션의 효시가 되었다. 1980년대 패션에서 보인 포스트모더니즘 패션의 경향은 1990년대 주요 문화현상에 적용되며 패션의 흐름을 주도하였으며 21세기 현재까지 지속되고 있다.

Chapter 7.

패션 컬래버레이션

Chapter 7.

패션 컬래버레이션

　4차 산업혁명 시대에 살고 있는 우리는 뉴스나 기사 등을 통해 컬래버레이션(collaboration), 융합, 협업 등의 용어에 관해 많이 접하게 된다. 기업들이 제조업과 정보통신기술(ICT)을 융합해 경쟁력을 높이는 차세대 산업혁명인 4차 산업혁명에서 협업은 무엇보다 중요하다.

　대중의 문화 수준은 향상되고 있고, 소비자의 감성과 취향은 더욱 까다로워지고 있으며 매일 새로운 디자인들이 넘쳐나고 있다. 특히 패션 업계는 과도한 디자인 경쟁 시대에 있으며 이러한 배경에서 패션과 디자인, 예술 등을 접목하여 소비자의 감성만족, 나아가 소비자의 감동을 이끄는 제품을 개발하는 것이 중요해져 가고 있다. 패션 기업과 패션 디자이너, 예술가, 하이테크(Hi-Tech) 및 정보기술(Information Technology) 기업 등 동일 분야 혹은 이종 분야 간에 다양한 전략적 제휴(strategic alliance)가 이루어지고 있다. 이러한 전략적 제휴의 개념은 마케팅 환경에서 매우 중요해졌으며 이를 우리는 컬래버레이션(Collaboration)이라 부른다.

1. 컬래버레이션 개념 및 효과

Kenzo x H&M, Fall 2016

컬래버레이션이란 공동작업·협력·합작이라는 뜻으로, 용어 개념은 학자마다 다양하게 정의되고 있으나 주로 마케팅 측면에서 동종업계 또는 이종업계 간의 협업을 통해 각자의 이익을 극대화하는 것을 의미한다. 컬래버레이션은 하나에 하나를 더하면 둘이 되는 더하기의 개념이 아닌 본질적인 융합의 개념으로 시너지를 창출한다. 컬래버레이션을 통해 양자는 기존에 갖고 있지 않던 새로운 이미지를 창조해냄으로써 새로운 소비자를 흡수할 수 있으며, 브랜드 간 경쟁이 아닌 전략적 협업으로 서로의 강점을 최대한 발휘하여 브랜드 가치에 혁신을 가져온다.

주로 패션계에서 디자이너 간의 공동 작업이나 지명도가 높은 둘 이상의 브랜드 간 협업을 일컫는 용어로 사용되었으나 최근에는 다양성을 추구하는 수단으로 여러 분야에서 채택되고 있다. 경계를 뛰어넘는 컬래버레이션을 통해 패션업계에서는 서로의 장점을 극대화시키고, 어울리지 않을 것 같은 분야 간의 만남을 통해 새로운 디자인을 창조해 내며 이를 통해 새로운 소비자를 흡입한다. 하나의 마케팅 방식인 컬래버레이션은 도입 초기 디자이너와 유명인의 협업으로 단기 매출을 올리던 방식에서 최근에는 제품기획 단계부터 전 과정에서 협업하는 토털 컬래버레이션으로 진화하고 있다.

컬래버레이션의 대표적인 예로 자동차 회사인 BMW와 세계적인 현대 미술작가들과 협업으로 이루어진 아트카 프로젝트, 스웨덴의 SPA(유통 · 제조 일괄형) 브랜드 H&M과 명품 패션 디자이너들과의 협업 등을 들 수 있다.

Jeff Koons X BMW M3GT2, 2010

Versace X H&M, Fall 2011

　컬래버레이션은 기업이나 개인에게 새로운 부가가치를 창출할 수 있는 기회를 제공하고 수익성 개선과 경쟁력 확보를 가져오는 수단이 된다. 따라서 패션 기업은 상호 시너지 효과를 가져올 수 있는 디자이너, 예술가, 유명인, 파트너 기업 등을 선정하여 다양한 비즈니스 영역에서 컬래버레이션을 시도하고 있다.

　패션업계 간의 컬래버레이션, 패션 디자이너와 아티스트와의 컬래버레이션, 패션기업과 유명인 간 컬래버레이션, 패션 디자이너와 패션기업과의 컬래버레이션, 패션기업과 이종업계의 컬래버레이션 등 다양한 패션 컬래버레이션을 통해 패션 기업은 상품의 고부가가치를 창출해내고 경쟁력을 강화하며, 브랜드 이미지 개선과 브랜드 차별화, 브랜드 가치를 확장할 수 있는 새로운 기회를 얻게 된다. 또한 패션 컬래버레이션을 통해 더 많은 소비자에게 접근할 수 있는 새로운 통로를 마련하여 새로운 소비자들을 끌어들여 매출을 증대하는 등 긍정적 효과를 기대할 수 있다.

2. 패션 컬래버레이션 유형

패션 분야에서 컬래버레이션은 다양한 유형으로 나타나고 있다. 패션업체와 패션 디자이너, 패션업체와 패션업체 등 패션 동종 산업 간, 혹은 패션업체와 예술가, 패션업체와 유명인, 패션업체와 IT 기업과 같은 패션산업과 이종산업 간의 컬래버레이션에 이르기까지 더욱 활발하게 이루어지고 있다.

1) 패션 분야 간 컬래버레이션

패션 분야 내에서의 컬래버레이션은 패션 브랜드와 패션 브랜드, 패션 브랜드와 패션 디자이너, 패션 브랜드와 유통업체 등과의 컬래버레이션을 들 수 있다.

패션 컬래버레이션을 대중들에게 익숙하게 만든 글로벌 SPA 브랜드인 H&M과 유니클로 등은 유명 패션 디자이너와의 컬래버레이션을 지속적으로 진행해 오고 있다. H&M은 칼 라거펠트(Karl Lagerfeld)와의 협업을 시작으로 유명 패션 디자이너들과의 협업을 이어오고 있으며 매 회 세계적인 이슈가 되고 있다. 리미티드 라인으로 진행되는 H&M 컬래버레이션은 유명 디자이너들의 고품격 명품 이미지를 저렴한 가격에 제공하여 새로운 고객을 유치하는데 성공하였다. 대중적인 디자인으로 세계시장을 석권 중인 유니클로 역시 베이직한 캐주얼 디자인에서 탈피하여 다양한 컬래버레이션을 진행하고 있는데 최근 프랑스의 탑 모델 출신 디자이너 이네스 드 라 프레상주 (Inès de La Fressange)와 과거 에르메스 수석디자이너이자 패션 브랜드 '르메르'를 이끄는 수장 크리스토퍼 르메르(Christophe Lemaire)와의 컬래버레이션을 선보였다. 이 외에도 유니클로는 스티브 알란(Steve Alan), 질 샌더(Jill Sander) 등과 컬래버레이션을 수행하였는데, 특히 질 샌더와 협업으로 진행된 +J는 젊은 층에게 선풍적인 인기를 얻으며 매출이 급상승하였다.

H&M X Sonia Rykiel 컬래버레이션

+J, 유니클로 X 질 샌더 컬래버레이션

　패션 분야에서 새로운 이미지로 자사 브랜드를 홍보하고 새로운 고객을 유입해 매출을 늘리기 위한 수단으로 수많은 패션 브랜드에서 컬래버레이션이 진행되고 있다. LA 기반 스트리트 패션 브랜드 조이리치(JOYRICH)는 스포츠 브랜드 리복(Reebok)과의 컬래버레이션 컬렉션을 공개했는데 조이리치 특유의 팝 컬러와 위트 있는 그래픽 아이템들에서 벗어나 오리지널 로우 데님(Raw Denim) 소재를 활용하여 클래식하면서도 유니크한 디자인을 선보였다. 스트리트 패션 브랜드 노나곤(NONAGON)은 다양한 컬래버레이션을 진행하고 있는

데 최근 삼성물산패션부문의 에잇세컨즈(8SECONDS)와 컬래버레이션을 진행하는가 하면 스트리트 패션의 효시라 할 수 있는 일본 디자이너 미치코 코시노(Michiko Koshino)와도 컬래버레이션을 진행했다. 유명 브랜드 간 혹은 유명 브랜드와 유명 디자이너 간 컬래버레이션 외에도 유명 브랜드와 신진 브랜드의 협업을 통해 기존 브랜드 이미지에 새로운 감각을 불어넣기도 한다.

Joyrich x Reebok Collection, 2016 F/W

2) 패션과 예술가 간 컬래버레이션

패션과 예술과의 컬래버레이션은 엘자 스키아파렐리(Elsa Schiaparelli)부터 시작되었다. 샤넬의 라이벌 디자이너라고도 불리는 스키아파렐리는 1920, 30년대 다다(Dada)와 초현실주의(Surrealism) 등 그 당시 아방가르드 예술가 그룹과 활발한 교류를 하였으며 이들로부터 영감을 받아 패션 디자인 작업에 반영하였다. 그녀는 장 콕토(Jean Cocteau), 살바도르 달리(Salvador Dali), 마르셀 뒤샹(Marcel Duchamp), 만 레이 (Man Ray) 등 예술가들의 영향을 받으며 초현실주의 예술가들과 콜래버레이션 작업을 적극적으로 진행하여 초현실주의 패션이라 불리는 그녀만의 독특한 작품 세계를 창조해냈다.

Shoe hat,
Elsa Schiaparelli and Salvador Dali, 1937

장콕토의 드로잉과 르사쥬 쿠튀르
자수 공방과의 컬래버레이션 재킷,
Elsa Schiaparelli, 1937

1960년대 디자이너 입 생 로랑(Yves Saint Laurent) 역시 패션과 예술과의 컬래버레이션을 잘 보여준다. 예술 작품 수집가로도 잘 알려진 몬드리안은 피카소(Picasso), 브라케(Braque), 반고흐(Van Gogh), 몬드리안(Mondrian) 등 예술가들의 작품을 오마쥬(hommage) 컬렉션을 통해 자신의 디자인에 반영시키며 다양한 패션 예술을 선보였고, 패션을 예술의 경지에 올려놓았다는 평가를 받았다. 입 생 로랑이 1965년 신조형주의 화가 몬드리안의 회화를 응용하여 디자인한 몬드리안 드레스는 이후 수많은 패션 디자이너들에게 영감을 제공했다.

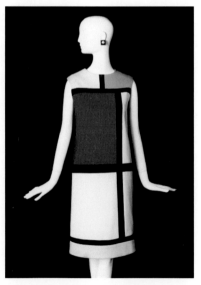

Yves Saint Laurent X 조각가 Claude Lalanne, 1969 F/W,
Yves Saint Laurent Forty Years of Creation p.169

Mondrian Dress, Yves Saint Laurent
X Piet Mondrian, 1965

　　이후 패션과 예술의 만남하면 가장 먼저 떠올리게 되는 디자이너로 마크제이콥스(Marc Jacobs)가 있다. 그는 1990년대 후반 세계적인 명품 브랜드 루이비통 수석 디자이너 시절 많은 예술가들과의 협업으로 주목을 받았으며, 이는 루이비통의 매출 상승을 이끌어내는 주요한 요인으로 작용하였다. 1997년 루이비통 수석 디자이너로 영입된 마크 제이콥스는 우연히 검정색 페인트칠이 칠해진 트렁크 가방의 페인트칠이 벗겨진 부분에 루이비통 로고가 보이는 것을 보고 큰 영감을 받게 된다. 입 생 로랑처럼 미술작품 수집가였던 그는 예술과의 접목을 위한 새로운 프로젝트를 계획하고 그래피티 아티스트인 스테판 스프라우스(Stephen Sprouse)를 영입한다. 루이비통의 트레이드 마크인 LV로고 위로 페인트로 낙서하듯 글씨를 적어 'Graffiti Line'을 선보였으며 이를 통해 루이비통은 올드한 이미지를 벗고 젊고 혁신적이며 트렌디한 디자인으로 파격적인 변신을 시도하게 된다. 이러한 시도는 루이비통 전 세계 품절 사례를 일으킨다. 2년 후 일본 팝아티스트인 무라카미 다카시(Murakami Takashi)와의 컬래버레이션을 통해 '혁명'이라는 주제로 체리 블러썸, 모노그램 멀티 컬러, 아이러브 모노그램 등 세 가지 컬렉션을 선보였다. 갈색 바탕에 특유의 패턴을 담은 클래식한 느낌의 루이비통은 귀엽고 발랄한 일본 대중문화를 상징하는 애니메이션 느낌을 통해 현대적인 스타일로 재탄생하였으며 이는 키치한 매력을 선사하며 역시 매출의 큰 성공을 거두었다.

루이비통(Loius Vuitton) x Stephen Sprouse

Cherry Blossom, 루이비통(Loius Vuitton) X Murakami Takashi, 2003

최근에는 화가, 조각가, 일러스트레이터, 만화가, 산업 디자이너, 사진작가 등 다양한 분야에서 활동 중이거나 활동했던 예술 작가들과의 컬래버레이션을 통해 기존 예술 작품을 패션 제품에 활용하거나 패션 브랜드 제품 개발 단계부터 예술가들이 직접 디자인에 참여하여 새로운 라인을 출시하는 등 다양하게 전개되고 있다. 컬래버레이션을 통해 패션과 예술을 결합시켜 새롭게 탄생한 상품은 고부가가치와 희소성을 통해 매출을 증대시키고 기존 패션 브랜드의 가치를 상승시키며, 예술가의 명성을 널리 알리는데 일조한다.

3) 패션과 유명인과의 컬래버레이션

우리는 스타일의 변화를 꾀할 때 자신이 이상으로 삼는 누군가처럼 되기를 기대하면서 그 스타일을 모방하게 된다. 여기에서 누군가는 대부분 유명인(有名人)-셀러브리티(Celebrity)일 것이다. 그리고 그러한 스타일 변화의 매개체 역할을 가장 확실히 하는 것이 바로 패션이다.

유명인(有名人) 혹은 셀러브리티(Celebrity)는 어떤 분야에서 대중들로부터 주목받고 큰 인기를 누리며 대중들에게 영향을 끼치는 사람이나 큰 부와 명성을 가진 대중들에게 널리 알려져 있는 사람들을 지칭하며 따라서 유명인사는 대중들의 취향과 대중문화를 반영하게 된다. 유명인사는 주로 데이비드 베컴(David Beckham)과 같은 스포츠맨, 마돈나(Madonna)와 같은 가수, 브래드 피트(Brad Pitt)와 같은 배우, 케이트 모스(Kate Moss)와 같은 모델처럼 자신들의 전문분야나 직업으로 유명인사가 된 경우가 대부분이다. 또한 부유하거나 유명한 배우자나 가족 또는 단순히 미디어에 한 번 노출된 것만으로도 유명해지는

경우도 있다.(예 ; 패리스 힐튼(Paris Hilton), 니콜 리치(Nicole Richie) 등)

셀러브리티 중 흔히 연예인이라 부르는 스타들의 가치는 미디어나 미디어 속 역할에 의해 좌우되며 대중미디어와 스타는 공생 관계에 있다. TV, 영화, 인터넷 등의 미디어를 통해 순식간에 새로운 패션 트렌드가 만들어지며 세계화로 인해 유행 역시 전세계적으로 단일화, 동질화되어 가고 있다. 현대 대중문화는 단순한 문화 차원에서 벗어나 거대한 산업이 되었으며 스타와 대중문화의 결합은 시너지 효과를 창출하며 현시대의 소비문화를 주도하고 있다.

스타와 패션 디자이너와의 관계를 잘 보여주는 예로 오드리 헵번과 지방시를 들 수 있다. 명성의 거래로 지칭되는 둘의 관계를 롤랑 바르트(Roland Barthes)는 "이 세상 언어로 묘사할 수 있는 형용사가 부족한 창조물인 오드리 헵번은 1950년대 위베르 드 지방시의 옷을 전 세계적으로 칭송받게 했고, 지방시는 이를 통해 자신의 천재성을 인정받았다."라고 언급한 바 있다. 지방시는 1954년 영화 '사브리나(Sabrina)'를 시작으로 오드리 헵번을 위한 의상디자인을 시작했으며 이들을 통해 기존의 관능적이고 성숙한 여성미 대신 마른 체형의 청순하고 깜찍한 소녀 타입의 '헵번 스타일'이 전 세계적으로 큰 인기를 얻게 되었다. 이들은 대중 예술인 영화를 통해 대중들의 모방심리와 동조심리를 자극하여 하나의 패션을 창조하는 패션 리더로서의 역할을 수행하였다.

지방시가 디자인한 오드리 헵번의
사브리나 팬츠, 사브리나(1954)

지방시가 디자인한 오드리 헵번의
리틀 블랙 드레스, 티파니에서 아침을(1961)

패션계에 잘 알려진 셀러브리티와 패션의 대표적인 관계로 에르메스(Hermes)의 그레이스 켈리(Grace Kelly) 백을 들 수 있다. 영화뿐 아니라 평소에도 에르메스 핸드백을 들고 다닌 모나코의 왕세자비 그레이스 켈리(Grace Kelly)가 1956년 임신한 배를 가리기 위해 크게 제작된 에르메스의 '쁘띠 싹 아 끄로와(Petit Sac A Courroie)'를 들고 있는 사진이 '라이프(Life)' 잡지를 통해 공개되면서 사람들은 이 백을 '켈리 백'이라고 부르기 시작했으며 모나코 왕실의 정식 허가를 얻어 켈리 백이라는 이름을 얻게 되었다.

에르메스(Hermes) X 그레이스 켈리(Grace Kelly)

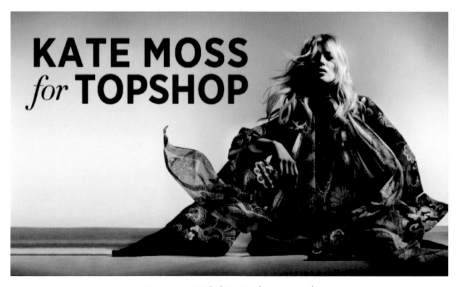

Topshop X 케이트 모스(Kate Moss)

H&M과 마돈나(Madonna), Topshop과 케이트 모스(Kate Moss), 나이키와 마이클 조던(Michael Jordan), 레스포삭(Lesportsack)과 그웬 스테파니(Gwendolyn Stefani), 벨스타프(Belstaff)와 리브 타일러(Liv Tyler), 타미 힐피거(Tommy Hilfiger)와 지지 하디드(Gigi Hadid) 등 패션 브랜드와 셀러브리티와의 컬래버레이션은 패션업계에서 핵심 마케팅 전략으로 자리 잡아가고 있다.

국내 브랜드 스파오(SPAO)에서는 엑소(EXO)와의 컬래버레이션을 진행했으며 에잇세컨즈(8SECONDS)는 지드래곤과의 협업을 선보여 큰 인기를 얻었다. 지드래곤의 컬래버레이션은 지드래곤이 직접 제작에 참여하여 에잇 바이 지드래곤(8 X G-Dragon)과 에잇 바이 지디스픽(8 X GD's Pick)이라는 컬래버레이션 라인을 전개하여 다양하면서 개성 있는 스타일을 선보였다.

이와 같이 셀럽과 패션 브랜드와의 컬레버레이션은 한층 더 진화하고 있다.

셀러브리티가 과거 패션 브랜드의 홍보를 위한 광고 모델로서의 역할만 했다면 최근 패션업체는 과거 셀러브리티를 통한 단순 홍보에서 벗어나 자사 패션상품의 이미지와 어울리고 브랜드 컨셉을 잘 전달할 수 있는 셀러브리티와 협업하여 새로운 라인을 전개하거나 리미티드 라인을 선보이며 마케팅에 적극 활용하고 있다. 기존의 컬래버레이션 진행방식이 셀러브리티들의 이름만 이용하는 형태였다면, 최근에는 셀러브리티들이 브랜드에 대한 애정과 열정을 갖고 직접 상품 기획 단계에서부터 제품 디자인까지 참여하여 적극적으로 자신들의 아이디어를 제시하고 본인의 재능을 제품에 담기 위해 노력하고 있다.

4) 패션과 이종산업 간의 컬래버레이션

패션과 이종산업 간의 컬래버레이션은 패션 디자이너와 이종산업 간의 컬래버레이션, 패션 산업과 이종산업 간의 컬래버레이션 형태로 나타난다. 패션과 이종산업 간의 컬래버레이션은 유통, 전자, 자동차, 식품, 통신서비스 등 다양한 산업에서 이루어지고 있으며 이 중 패션과 유통업체와의 컬래버레이션이 가장 빈번하게 이루지고 있다. 저가 이미지가 강한 TV 홈쇼핑이나 인터넷 마켓 등을 보면 유명 패션 디자이너가 업체 자체 브랜드인 PB(Private Brand)를 개발하여 자체 브랜드를 출시하는데 이를 통해 유통업체는 브랜드 이미지 제고 및 제품력 향상, 매출 증대를 꾀하고 패션 디자이너는 판매나 경영에 집중하지 않고 수많은 고객을 확보할 수 있는 통로를 얻게 된다.

CJmall X Vera Wang Collaboration, 2016

유통업체 외에도 다양한 이종 산업에서 유명 패션 디자이너들이 제품 개발에 참여하고 있다. 패션상품과 기술의 결합은 주로 휴대폰과 패션의 결합이나 가전제품과 패션의 결합에서 주로 나타나며 노트북, 휴대폰 등 디지털 제품의 제품케이스 같은 액세서리 개발이나 브랜드의 로고를 활용한 제품 개발 등 가전, 전자제품 및 통신제품 등에서 활발한 컬래버레이션이 이루어지고 있다. 과거 LG 전자의 프라다 폰, 삼성의 조르지오 아르마니(Giorgio Armani) 폰 등은 제품 기획 단계부터 디자이너들과의 협업을 통해 프리미엄급 제품을 탄생시켜 큰 인기를 얻었다.

최근에는 웨어러블 기기인 스마트 밴드부터 스마트 워치, 스마트 핸드백, 스마트 재킷 등에 이르기까지 IT 기술과 패션브랜드의 화려한 컬래버레이션을 통해 스마트 기기가 패션 아이템으로 활용되고 있다. 또한 리바이스(Levi's)는 2016년 구글(Google)과의 콜래보레이션을 통해 스마트폰을 컨트롤 할 수 있는 혁신적 기능을 포함한 재킷을 개발하기도 하였다. 최근 버버리(Burberry)와 생 로랑(Saint Laurent)과 같은 명품 패션업계 출신 임원들을 영입하는 등 패셔너블 IT기기를 향한 행보를 이어 가고 있는 애플의 스마트워치는 2015년 이후 에르메스와의 컬래버레이션을 진행하고 있다. 이를 통해 애플워치는 명품 이미지를 강조하며 럭셔리 패션 아이템으로 프리미엄 요소를 강조했다.

Apple smart watch X Hermes

명품 패션 디자이너인 조르지오 아르마니는 벤츠사와의 제휴로 '아르마니 CLK'를 탄생시
켰으며, 세계적인 명품 브랜드 프라다는 현대자동차 제네시스와의 협업으로 '제네시스 프라
다'를 출시하기도 하였다. 이 외에도 스텔라 맥카트니와 재규어, 구찌와 피아트, 톰브라운과
인피니티 등 자동차와 패션의 컬래버레이션도 꾸준히 이루어지고 있다.

이와 같이 다양한 형태의 패션산업과 이종산업 간의 컬래버레이션은 새로운 디자인과 제
품 개발, 신규브랜드 출시, 판매 촉진 등을 위한 마케팅의 일환으로 복합적으로 활용되고 있
다. 유명 패션 디자이너나 브랜드의 명성이 기업 측면에서는 브랜드 차별화의 수단으로 작
용하며 가격에 있어서도 고부가가치 창출로 프리미엄을 얻을 수 있는 수단으로 활용된다.

그러나 모든 컬래버레이션이 만족할 만한 성과를 나타내는 것은 아니다. 잘못된 컬래버레
이션은 브랜드 이미지 손상을 가져오거나 비용 회수 등의 어려움을 겪을 수 있다. 따라서 컬
래버레이션에 성공하기 위해서는 서로의 속성을 보완할 수 있는지, 서로 시너지 효과를 낼
수 있는지를 잘 살펴야 한다.

패션 컬래버레이션은 21세기 마케팅 패러다임으로서 자리 잡아 왔다. 상품 간, 산업 간,
국가 간 경계를 넘어서 상호 통합되고 협력함으로써 소비자의 생활과 삶의 질을 높이는데
기여하고 있다. 고부가가치 창출, 브랜드 이미지의 변화나 새로운 아이덴티티의 창조, 영역
의 확장을 통한 새로운 시장과 소비자군 형성, 높은 주목성과 다양한 홍보를 통한 윈윈 전략
등의 경제적 효과가 있다.

향후 컬래버레이션의 주체는 기업 중심에서 나아가 제품을 소비하는 소비자까지 포함될
것이다. 소비자의 기업 활동 참여의 현상인 프로슈머의 등장이 이를 설명해준다. 따라서 소
비자, 브랜드, 소매업체 까지 모두 포함하는 multi-level exchange 마케팅이 제공되어야
할 것이다.

Chapter 8.

패션과 직업

Chapter 8.

패션과 직업

패션 관련 직업에는 어떤 것들이 있을까?

패션을 공부하면 어떤 분야로 진출할 수 있을까?

패션에 관심이 있거나 관련 진로를 선택한 학생들이라면 패션과 관련해서 어떤 직업 유형이 있는지, 그리고 직무가 자신에 부합되는지를 미리 파악하고 미래를 위한 올바른 선택을 해야 한다. 졸업 후 패션업체에서 요구하는 전문 인력이 되기 위해서는 패션 제품의 생산 전 과정의 개념과 기술을 이해하고, 준비해나가는 자세와 노력이 요구된다. 사회 변화에 능동적으로 대처하면서 개인의 소질과 능력에 맞는 직업을 선택하고, 이를 통해 행복한 삶을 누리기 위한 준비를 해야 한다.

1. 패션 관련 직업의 전망

십 수 년 전만해도 한국직업능력개발원은 21세기 유망직종으로 패션디자이너, 텍스타일 디자이너와 패션코디네이터를 들었다(한겨레신문, 1999). 그러나 한국고용정보원의 발표에 의하면, 섬유 및 의복관련 대부분의 직업에서 향후 고용이 감소할 것으로 전망하고 있다. 해외브랜드의 국내진출 가속화, 중국, 베트남, 방글라데시 등 제조원가가 저렴한 나라들의 국내 패션시장 잠식, 제조 설비의 자동화 등이 국내 패션 분야의 고용감소에 직접적인 영향을 미치고 있다. 패션 관련 대학 및 대학원 졸업생들과 디자인 관련 사설 교육기관 등 패션 관련 인력은 이미 공급 과잉상태이며 따라서 패션 산업 분야의 취업경쟁률은 계속적으로 높을 것으로 예상된다.

경기가 안 좋아지면 사람들이 제일 먼저 옷이나 장신구 등의 구매를 줄인다고 얘기하는 것처럼 패션 산업은 경제 환경의 영향을 크게 받는 산업이다. 우리나라는 최근 장기적인 경기침체로 소비심리가 저하되어 패션 제품 소비에 부정적인 영향을 미치고 있다. 그러나 이러한 상황에도 대부분의 의류업체가 과거 불황기를 거치면서 어느 정도 구조조정을 완료했으며, 패션 산업 활성화를 위해 신규브랜드 개발, 콜래보레이션 등 다양한 전략을 펼치고 있어 긍정적인 전망도 있다. 삼성패션연구소는 전자상거래(e-commerce)의 성장과 나만의 가치를 찾는 '원츠(Wants) 소비'를 통해 패션시장이 2017년 3%정도 성장세를 보일 것으로 예상했다.

2. 패션 관련 진로

패션 관련 학과에서는 사회가 요구하는 전문직을 수행할 수 있도록 생활과학적·예술적 측면에서 옷과 사람과의 관계를 이론과 실험 실습 중심으로 교육하고 있다.

한국직무분류표에 구분된 패션 관련 직종에는 어떠한 것들이 있을까?

패션 관련 대분류 직업 코드는 크게 섬유 및 의복관리직과 섬유공학기술자로 나뉘며 세부 직업으로 섬유제조기계조작원, 직조기 및 편직기조작원, 표백 및 염색관련조작원, 섬유관련등급원 및 검사원, 재봉사, 재단사, 한복제조원, 양장 및 양복제조원, 의복·가죽 및 모피수선원, 패턴사, 모피 및 가죽의복제조원, 의복제품검사원, 제화원, 신발제조기조작원 및 조립원, 세탁관련 기계조작원, 문화 예술 디자인, 주얼리디자이너, 방송관련직, 가방디자이너, 신발디자이너, 패션디자이너, 속옷디자이너, 직물디자이너(텍스타일디자이너), 디스플레이어, 컬러리스트, 무대의상관리원, 패션코디네이터, 분장사 등이 있다.

대학 졸업 후의 진로는 보다 전문적인 교육을 받기 위해 대학원에 진학하거나 석·박사 과정을 마치고 대학교수나 패션학원 강사 등 교육계로 진출할 수 있다. 패션산업 분야에서는 의상디자이너, 직물디자이너, 패턴메이커, 패션코디네이터와 같은 직종으로 취업할 수 있는데 패션디자이너는 디자인 전문 업체, 패션업체의 디자인실, 패션디자인 연구소 등에서 근무하거나 자신이 직접 디자인한 제품을 판매하는 자영공방을 운영할 수도 있으며, 자신의 브랜드를 가지고 의상점을 경영할 수도 있다.

패션디자이너 외에도 패션머천다이저, 섬유제품품질 검사원, 의류소비자 상담원, 의류상품 판매원, 신문이나 잡지의 패션담당기자, 의류관리사 등의 진출분야가 있는데, 그 분류에 따라 의류디자인·섬유과학·의복구성·패션마케팅 분야 또는 경영·상품기획·생산·영업·판매촉진·저널분야 등으로 구분하여 정리해 볼 수 있다. 이 외에도 패션과 직접 관련된 직업은 아니지만 공연기획자나 공무원, 박물관 학예사 등 행정과 관련된 분야로도 얼마든지 취업이 가능하다.

각각의 직업을 크게 묶어 패션전문직, 교육 분야, 언론 및 출판 분야, 예술기획·경영, 행정 및 기타 분야로 나눠 좀 더 자세히 알아보자.

1) 패션전문직

● 패션 디자이너(Fashion Designer)

의복을 계획하는 의복 고안자 또는 설계자로서 끊임없는 아이디어 창출을 통해 새로운 패션 상품을 개발하는 전문가를 말한다. 디자이너는 스케치, 드레이핑, 패턴 메이킹 등을 통해 실루엣, 색상, 장식 등 하나의 라인에 전체적인 톤의 배치 등 전반적인 디자인 능력 뿐 아니라 상품 기획과 이미지 연출 능력을 필요로 한다. 일반적으로 패션디자이너는 기성복 메이커 디자이너, 소재업체나 상사 디자인실에 소속된 디자이너, 의상실을 갖고 있으면서 기성복 메이커로부터 주문을 받거나, 자유롭게 디자인하여 기성복 메이커에 판매하는 프리랜서 디자이너, 디자이너 브랜드에 소속되거나 직접 오리지널 브랜드를 전개하는 디자이너, 직접 부티크를 경영하는 부티크 디자이너, 의류 수출상사에 소속되어 있는 디자이너 등으로 분류할 수 있지만, 여성복, 남성복, 아동복, 무대의상, 웨딩드레스, 이너웨어 및 스포츠 레저 웨어 디자이너 등 아이템별로 세분화되어 있다. 패션업의 전반적인 추세가 디자이너들의 국제적 감각을 요구하는 동시에 영역별 세분화를 추구하고 있어 패션디자이너의 전망은 앞으로 밝다고 볼 수 있다. 일반적으로 패션디자이너는 의류학과, 의상학과 출신이 대부분이지만, 뛰어난 색채감각과 조형감각이 요구되는 분야이기 때문에 미술 전공자들의 진출도 가능하다.

● 패션 일러스트레이터(Fashion Illustrator)

디자이너의 아이디어를 독창적인 그림으로 표현하는 패션 전문가로 흔히 패션화가 또는 패션 스케치 작업을 하는 스케쳐라고 한다. 주로 패션저널의 시각 매체 중 삽화나 회화적 표현을 맡아하는 전문가로서 패션잡지, 여성종합잡지, 혹은 광고 부문 등에서 폭넓게 활약하며, 이러한 그림은 다른 사람들에게 디자인을 정확히 이해시켜주는 설명도의 성격을 지니며 의상제작의 기초가 된다.

● 크래프트 및 액세서리 디자이너(Craft-Accessory Designer)

장신구, 귀금속 등의 기획, 디자인, 생산을 지도하는 전문가로 크래프트 디자이너는 그 자체가 공예품으로서 복식의 다른 요소와 조화롭게 구성할 수 있는 스타일리스트의 능력이 요구된다.

● 패션 코디네이터(Fashion Coordinator)

'패션조정자'라고도 불리며, 다른 사람이 대신 개인적인 의복의 코디네이트를 생각하고, 부족한 점을 보충하여 완전한 스타일로 만들어 주는 일 뿐 아니라 다음 시즌의 패션 경향을 예측하고, 자사의 상품을 일관된 컨셉(Concept)으로 조정·제안하는 일, 의류 판매를 촉진하기 위해 패션쇼와 같은 선전 활동을 총괄하는 전문가를 말한다. 뛰어난 정보수집 능력과 유행의 흐름에 민감한 감각을 갖춰야 하며, 디스플레이어, 스타일리스트, 바이어의 능력을 동시에 갖춘 전문인이다. 특히 옷을 선택하고 연출하는데 있어 시간적인 여유가 없거나 독특한 이미지를 창출해야하는 연예인들의 경우 프로 코디네이터가 도움을 주게 된다.

● 한복 디자이너

최근 전통에 대한 재인식과 전통문화의 세계화에 대한 관심이 증가하면서 한복의 발전에 대한 재조명이 이루어지고 있다. 한복 디자이너는 한복 구성에 대한 기초 지식 뿐 아니라 역사의 흐름에 따른 전통 한복의 변천사에 대한 지식이 요구된다.

최근 전통한복 뿐 아니라 생활한복, 퓨전한복의 이름으로 다양한 디자인 개발이 이루러지고 있는데, 전통을 그대로 보존하는 작업과 함께 현대인의 생활에 맞게 편리하게 변화시킨 현대적인 한복 개발이 꾸준히 증가할 것으로 전망된다.

● 한스타일 패션디자이너

전통 한복을 모티브로 현대적 감각에 맞게 새롭게 디자인하는 전문가로 국내 뿐 아니라 뉴욕에서 활동하는 한국 출신 디자이너들이 점점 늘고 있다. 한국적 패션 디자이너가 되기 위해서는 서양 복식 뿐 아니라 한복 구성에 대한 기초 지식을 두루 갖추어야하며, 동서양 복식의 특징을 분석하고 믹스시키는 고도의 감각이 요구된다. 최근 전 세계 패션에 다양한 문화가 융합된 디자인이 점점 증가하고 있는 점을 미루어볼 때 전통을 바탕으로 현대적으로 해석한 디자인은 무궁무진한 발전 가능성을 지니고 있다 할 수 있다.

● 텍스타일 디자이너(Textile Designer)

실의 기획부터 편직, 염색, 프린트, 문양 개발, 색상 조정, 레이스나 자수 개발 및 선정 등 각종 가공과 관련된 업무의 일부나 전체를 기획·관장하는 전문가로서 다양한 섬유의 제사, 방직, 방적, 편직, 자수 등의 기술과 원단에 대한 염색, 추 가공 등의 전문기술이 필요하며,

소재 및 어패럴 메이커에 소속된 경우 프리랜서로 활동하기도 한다.

● 직물디자이너

직물디자이너는 특별한 문양을 창조하고 어떤 직물로 변형될 수 있는 형을 제공하는 사람으로 종이나 직물 위에 디자인을 하고, 완성품에 반복하여 이용될 무늬(Repeats)를 제작한다. 전문화된 직물회사에서는 컬러리스트를 따로 고용하기도 하는데, 그들은 직물디자이너의 패턴 생산에 이용되는 컬러 조합을 창조하는 전문가이다.

● DTP Designer

최근 디지털프린팅을 기반으로 한 텍스타일디자인(DTP) 분야가 급속히 발전하고 있는데, 무한한 개성 추구를 요하는 소비자를 위해 의류제품 생산의 기반이 되는 디지털 프린팅 분야는 앞으로 발전 가능성을 기대해 볼 수 있는 분야이다.

● 컨버터(Converter)

중간단계의 미완성된 직물의 염색 및 날염, 직물의 다양한 마무리 가공을 담당하는 분야로 외관을 더욱 향상시키거나 기능성을 가미하는 등 섬유와 직물에 대한 고도의 기술을 가진 전문가이다.

● 니트 디자이너(Knit Designer)

니트를 소재로 창조적 디자인을 하는 전문가로 패션 회사에서 니트 디자이너를 따로 고용하는 회사들이 늘어나는 추세이다. 니트로서의 표현 가능성이 무한해짐에 따라 니트 의류는 점점 다양해지고 있으며, 또한 편안함을 추구하는 소비자가 날로 증가하면서 착용감이 좋은 이 분야의 전문가들이 주목을 받고 있다.

● 섬유제품 품질 검사원

가죽, 모피, 기타 직물로 만들어진 각종 제품을 검사하고 등급을 매기는 일을 맡아하는데, 이들은 가죽, 모피, 의류 그리고, 기타 섬유 제품 제조업체 등에 고용되어 있다. 업무 수행 시 시력, 기억력, 유연성, 정교한 동작 및 품질 관리 분석력이 요구된다.

● 패턴메이커(Pattern Maker)

패턴사는 스타일화를 기본으로 디자인이 확정된 옷에 맞는 옷본, 즉 패턴을 만드는 전문가로 옷의 구성, 사이즈, 생산, 재단과 직물 사용에 대한 전문적인 지식과 기술을 요하며 디자이너, 생산 공장과의 연락 조정능력도 요구된다. 대부분의 회사가 최근 패턴 제작과 공정 부문에서 컴퓨터를 이용하기 때문에 패턴을 담당하는 사람은 각종 컴퓨터 프로그램과 디지타이저(Digitizer)를 다룰 수 있어야 한다.

● 패터니스트(Patternist)

아이디어가 스케치된 일러스트를 바탕으로 패턴을 제작하는 전문가이다. 디자인화를 기본으로 1차적으로 샘플패턴을 제작하여 가봉을 거쳐 샘플을 완성시키는 봉제과정까지 책임을 지며, 가봉과정에서나 품평회에서 수정지시를 받으면 패턴을 수정하여 완벽한 샘플을 제작하도록 지시하는 업무를 한다.

● 그레이더(Grader)

마스터 패턴을 사이즈별, 호수별로 전개하는 전문가이다.

● 재단사(Cutter)

재단사는 직물이나 재료를 패턴에 따라 자르는 일을 하며, 컴퓨터 커팅과 유사한 업무를 하고 있다. 대량 생산을 하는 회사는 대부분 재단사 대신 컴퓨터 시스템을 사용하지만, 가죽과 같은 천연소재를 재단하는 경우 고도의 섬세한 기술이 필요함과 동시에 각기 다른 패턴 조각을 만들기 위해 불필요한 부분을 제거하는 방법을 아는 숙련된 조작자가 필요하다.

● 봉제사

기성복 부문에서는 견본봉제 및 제품봉제를 하며, 주문복 부문에서는 실표 뜨기, 가봉, 보정, 본바느질을 하는 전문가로 정확하고 뛰어난 봉제기술과 패션에 관한 충분한 지식이 요구된다.

● 모델리스트(Modelist)

고객을 직접 상대하지 않고, 오리지널 디자인을 고안하거나 디자인화로부터 실물을 제작하기 위해 광목 등을 사용해 패턴 제작 또는 작품을 만드는 사람으로 샘플 제품을 완성시키는 업무를 하며 기성복 메이커에 오리지널 디자인을 파는 사람도 여기에 속한다.

● 생산관리담당자(Product Manager)

일정한 품질의 제품을 일정 기간 내에 특정 수량만큼 생산하기 위해 생산 활동을 예측, 계획, 통제하는 전문가이다.

● 패션 인스펙터(Fashion Inspector)

생산 활동에서 발생할 수 있는 불량품을 체크, 방지 하는 전문가이다.

● 패션 머천다이저(Fashion Merchandiser / MD)

옷의 생산, 판매, 관리 등에 관한 이론을 통해 의류업체에서 상품기획과 마케팅을 하는 패션 머천다이저로서의 능력을 키울 수 있는 분야로 옷의 판매를 위해서는 사회학, 심리학, 경영학의 지식을 필요로 한다. 패션 머천다이저는 의류 산업에서 어떤 옷이 앞으로 유행할 것인지를 분석하여 그에 따라 새로운 의류 상품을 기획하는 일을 맡아서 하는 전문가로서 제품의 기획에서 생산 판매에 이르기까지의 업무를 관장하는 상품 기획 파트의 총괄자라 할 수 있다.

소비자들이 개성화, 고급화, 다양화됨에 따라 시장 세분화가 불가피해지고, 패션 마케팅을 기초로 훈련된 상품기획 전문가를 원하는 패션업계가 늘어 이 분야의 장래는 밝다고 볼 수 있다. 패션머천다이저는 의류학이나 의상학과, 섬유공학, 경영, 경제학을 전공하고 패션 비즈니스에 관심이 많은 사람에게 유리하지만, 일반계 출신자들에게도 가능하다.

● 패션 어드바이저(Fashion Adviser)

'FA'라고 불리는 패션 어드바이저는 단순히 판매만 전담하는 판매원과 달리 판매와 관련된 모든 업무 즉, 판매 실적 및 매출 관리, 정보 관리, 고객 관리, 매장 관리를 하며, 고객의 요구 사항과 불만들을 회사에 반영하는 등 적극적인 판매 활동을 수행하는 판매전문 기술사(Sales Engineer)이다.

● 패션 바이어(Fashion Buyer)

상품의 사입을 총괄하는 책임자로 상품의 사입에서부터 판매 및 판매촉진, 재고관리, 판매담당자에 대한 상품 교육 등으로 광범위한 업무를 담당한다. 바이어들은 해외 패션쇼에 참석하여 외국 시장을 조사하고, 새로운 상품을 평가하여 구매 시기 결정 또는 구매 계획, 가격 인상·인하 계획, 분기별 판매량 계산 등 유통업 부문의 상품 기획 등을 전담한다.

● 세일즈 프로모터(Sales Promoter)

판매 방법에 대한 계획을 수립하는 것으로 디스플레이, 사진, 전시, 광고 등의 다양한 방법을 상품 성질에 맞게 조정하여 상품을 가장 효과적으로 판매한다.

● 샵 마스터(Shop Master)

상품의 판매를 위해 개설된 매장의 총책임관리자로 일명 샵 매니저(Shop Manager)라고도 하는데, 매장관리와 판매관리 및 판매원 관리를 책임진다. 고객 관리를 잘하는 것이 가장 중요한 책무라 할 수 있다.

● 디스플레이어(Displayer)

데코레이터라고도 하며, 쇼윈도우나 점포 내의 시각적인 효과를 증대시킬 수 있도록 상품을 진열하거나 전시회, 광고를 위한 쇼 등의 행사시에 장소와 분위기, 행사목적에 조화되는 상품 장식을 전문적으로 맡아한다.

● 비주얼 머천다이저(Visual Merchandiser / VMD)

VMD는 시각적인 기술과 상품 계획 능력을 갖춘 전문가를 말하며 마케팅의 목적을 효율적으로 달성할 수 있도록 상품 기획, 판촉까지의 흐름을 조정, 상품이나 서비스를 시각적, 감각적으로 연출하여 소비자들로 하여금 구매의욕을 높이도록 관리한다. 주로 브랜드 컨셉에 맞춰 제품을 보기 좋게 연출하고 고르기 쉽게 전시하는 등 매장 전체를 꾸미는 일을 한다. 이를 통해 매출을 올리고 좋은 브랜드 이미지를 심어주게 된다.

● 의류소비자 상담원 / 의류관리사

의류 관련 상품구입으로 인한 소비자 피해와 이로 인한 소비자 문제에 대해 상담, 피해구

제 등 소비자와 사업자간의 분쟁을 조정하는 중재자 역할을 한다. 양쪽 당사자가 소비자 분쟁조정 위원회의 결정에 동의하면 조정이 성립되고 성립된 내용은 재판상 화해와 같은 효력을 가지게 된다. 이를 위해서는 공정하고 객관적인 상품테스트를 통해 소비자에게 상품선택 정보를 제공하며 또한 과학적인 시험검사로 소비자 피해 원인을 밝혀 소비자 문제를 해결하는 기초자료를 제공하기도 한다.

2) 교육 분야

● 석 · 박사 진학 및 유학

보다 전문적이고 깊이 있는 학문과 기술 습득을 위해 국내 의류학 및 패션디자인 관련 학과에 입학하여 과정을 이수하거나 해외 패션대학 및 관련 기관에서 전공 대학원 분야를 공부할 수 있다. 졸업 후 대학교수나 강사 및 패션교육기관, 연구소 등의 분야에 진출할 수 있다.

● 패션관련학과 대학교수 및 학원 강사

패션에 관한 전반적인 이론과 정보, 기술 등을 가르치는 교육자로 대학에서 패션 관련학과나 패션 전문학원에서 학생들을 가르치는 일을 한다. 의류기사, 양장기능사, 한복기능사, 패션머천다이징산업기사, 자수기능사, 편물기능사 및 섬유기사 등 패션·의류 관련 자격증 획득이나 기술 연마를 위한 실습 교육이나 취업을 목적으로 하는 사람들을 위해 패션CAD·일러스트 등 세분화된 기술을 가르친다.

● 패션연구소 연구원 – 패션 예측가(Fashion Forecaster)

디자이너들이 그들의 컬렉션에 디자인을 발표하기 전 미리 그 방향을 예측하는 전문가로 시즌 18개월 전에 앞으로의 패션경향을 전문적으로 예측하여 그들의 의뢰인이 신상품을 개발할 수 있도록 돕는다. 이들은 패션 관련 소재 시장과 같은 몇몇 주요 시장에 철저하게 투자함으로써 디자이너들과 생산업자들의 상품 기획에 필요한 색상, 소재, 스타일 등의 선택에 도움을 주며, 세계 여러 패션 중심지를 방문하고 분석하여 어떤 스타일이 소비자들의 인기를 끌 것인지를 예측한다.

● 패션 정보 수집/분석가(Fashion documentarist)

패션정보를 수집, 정리, 분석하는 전문 분야로 정보 분석가는 급변하는 패션의 흐름을 재빨리 파악하는 정보 분석력과 분석한 정보를 정리할 수 있는 기획력이 요구되며 외국어를 습득하는 것이 필수적이다.

● 컬러리스트(Colorist)

색채를 전문적으로 다루는 패션 코디네이터로 색채에 대한 정보를 수집, 분석하여 전체적인 컬러의 방향설정과 아이템별 컬러라인(Color Line)을 설정하고, 모델별 컬러웨이(Color Way)를 정함으로써 통일된 컬러시스템(Color System)을 확립할 수 있게 한다. 컬러리스트는 색채에 관한 과학적·종합적 지식, 색채표현 기술, 정보수집과 정리·분석 기술, 소재에 관한 지식 등 패션 산업에 대해 깊이 숙지해야 한다. 컬러리스트 기사나 산업기사와 같이 관련 자격증을 취득하여 능력을 인정받을 수도 있다.

패션 주기가 짧아지고, 소비자의 욕구가 다양해짐에 컬러 감각을 살린 디자인의 비중이 커져가고 있는데, 최근 들어서는 패션 뿐 아니라 디자인과 관련된 모든 영역에서의 활동이 가능하다. 컬러리스트는 미술 전공자가 가장 유리하지만 의류학과, 의상학과 및 색채감각이 뛰어나고 색채에 대한 문화적 안목이 있는 비전공자도 도전해 볼 수 있다.

● 스타일리스트 (Stylist)

패션 이미지 크리에이터 즉, 스타일의 선정 및 채택, 스타일에 대해 조언을 해주는 전문가로 생산자와 소비자의 중간에서 사회적 요구에 정확히 부합해야하는데, 매장이나 광고의 비주얼 이미지를 조정하거나 연예인, 유명인들의 옷과 소품 등을 담당, 필요에 따라 액세서리 등을 코디네이트 해주는데, 패션 관련기업이나 방송국, 연예기획사 등에서 일하거나 프리랜서로 활동할 수 있다.

- 어패럴 메이커에서는 유행스타일 설정, 상품의 이미지조성, 스타일링 업무 담당
- 백화점, 전문점 등의 소매업에서는 코디네이트 스타일링에 관한 전문지식을 바탕으로 판매 촉진 담당
- 광고제작, 패션잡지의 사진 촬영에서는 아트디렉터와 카메라맨의 중간에서 촬영이 효과적이고, 순조롭게 진행되도록 하는 코디네이터의 역할 담당
- 연예 기획사나 방송국 등에서는 가수, 배우 등 연예인들의 의상 스타일링 담당
- 패션쇼에서는 연출가의 컨셉에 따라 모델의 의상 스타일링 담당

3) 언론 및 출판 관련

● 의류 및 패션담당기자(Fashion Reporter)

패션 영역전반의 보도에 종사하는 전문가로 보도 자료 기획과 편집 및 작문 능력을 갖추어야한다. 또한 적극적인 활동력과 정보원을 개척하는 적극성 및 인내심과 상품을 표현하고 전달하는 능력을 겸비한 사람으로 패션 전반에 걸친 해박한 지식을 구비해야 한다.

● 패션 에디터(Fashion Editor-패션기자)

활자 매체인 신문, 잡지, 관련 패션서적과 전파 매체인 TV, 인터넷, 라디오 등에 있어 패션 영역에 관한 분야를 편집하는 담당자로 편집 작업을 총괄, 연락 조정자적인 역할을 맡는다.

패션 에디터가 되기 위해서는 전공에 대한 풍부한 지식과 패션 저널리즘 계통의 다양한 경험, 외국어 실력 그리고 잦은 출장과 스케줄 변경에 대응할 수 있는 인내심이 요구된다.

● 패션 칼럼리스트(Fashion Columnist)

패션에 관해서 일반지, 전문지, 잡지 등의 칼럼의 논설, 평론을 집필하는 전문가로서 시즌별 유행 패션을 조사하기도 한다.

● 패션 라이터(Fashion Writer)

패션에 관한 정보를 취재, 조사, 문장화하는 기자의 총칭으로 신문, 잡지출판사, 편집프로덕션에 근무하는 기업 내 기자와 프리랜서 등이 있다.

● 패션 카피라이터(Fashion Copywriter)

패션영역의 광고 제작에서 광고 원고, 또는 TV CF의 문안을 작성하는 전문분야이다.

● 패션 사진가(Fashion Photographer)

패션 저널리즘의 시각적 전달 수단 중 사진으로 표현하는 전문 분야로 패션 디자인, 개별 상품, 패션쇼 등을 정확하고 더욱 아름답게 재현하고 전달하는 업무를 담당한다. 따라서 패션 사진가는 사진에 관한 지식과 기술은 물론 패션에 대한 이해와 센스를 필요로 한다.

3) 예술기획·경영, 행정 및 기타 분야

● 문화 기획·연출 전문가

문화기획은 연출, 제작감독, 프로듀싱 정도로 구분되며, 소규모 행사의 경우 연출자가 제작과 프로듀싱을 겸하기 때문에 문화기획은 연출, 제작감독, 프로듀싱 이 세 가지 영역을 모두 공부해두는 것이 좋다.

연출은 문화상품의 컨셉을 결정, 전반적으로 어떻게 표현해 낼 것인지에 대해서 관여하며, 제작감독은 공연이 진행될 때 소요되는 비용에 대한 전반적인 관리와 계획 운영을 담당하고, 프로듀서는 공연의 작품선정 및 기획, 그리고 스텝들의 고용 등을 담당한다. 따라서 기획을 위한 문화상품의 성격과 공연 전반에 대한 지식을 기본으로 연극, 뮤지컬, 콘서트, 이벤트 등 각 분야에 따라 다른 연출 감각이 요구되며, 사회 전반적인 분위기와 대중들의 기호 파악을 위해 다방면의 지식이 요구된다.

● 아트 디렉터(art director)

영화계에서 쓰이는 용어이지만, 광고계에서는 디자이너와 카메라맨, 레이아웃맨, 카피라이터 등을 총합적으로 지휘하고 목적에 적합한 작품을 만들 수 있도록 지도하는, 광고 표현을 통괄하는 사람을 말한다. 아트 디렉터는 광고의 적합성·아이디어·이미지·통일성·변화 등을 주며 광고와 디자인에 관한 전문적인 지식은 물론 경영 및 문화일반에 관한 광범위한 지식과 이해력이 요구된다.

● 연구사(研究士)

최근 공무원에 대한 인기로 패션 관련학과 학생들도 공무원 시험 준비를 하는 학생들을 많이 찾아볼 수 있다. 패션 관련학과 학생들이 전공을 살려 진출할 수 있는 공무원에는 어떤 것이 있을까?

연구사란 공무원(公務員, public servant)의 일종으로 행정기관의 일반직에 속하는 학예직군 및 기술직군의 각 연구 직렬에 딸린 6급 연구직 공무원을 말한다. 의류 및 패션 관련 전공자들이 공부해서 진출할 수 있는 국가공무원에는 학예직군의 학예연구사(학예일반·미술·국악·국어)·편사연구사(편사)·기록연구사(기록관리)가 있으며 지방공무원으로 역시 학예직군의 지방학예연구사(학예일반·미술·국악·국어)·지방편사연구사(편사)·지방기록연구사(기록관리)가 있다.

국가공무원인 연구사는 소속장관이나 그로부터 위임받은 소속기관의 장이 임용하며(국가공무원법 32조 2·3항, 공무원임용령 5조), 지방공무원인 연구사는 당해 지방자치단체의 장 또는 그로부터 위임받은 보조기관이나 소속기관의 장, 지방의회의 사무처장·사무국장·사무과장 또는 교육위원회의 의사국장이 임용한다(지방공무원법 6조).

● **학예사(學藝士, curator)**

학예사는 큐레이터라고도 불리며 박물관이나 미술관에서 관람객을 위해 전시회를 기획·개최하고, 작품이나 유물 등을 구입·수집·관리하며 소장품과 관련된 학술적인 연구업무를 수행한다. 전시 작품의 진위 여부를 판단하고 작품이 훼손되지 않도록 관리하며 관람객들에게 소장품이나 자료에 대한 이해를 돕기 위해 교육프로그램을 개발하고 실행하기도 한다.

큐레이터가 되기 위해서 고고학, 고고미술사학, 미학, 미술사학 등을 전공하는 것이 일반적이며, 보통 석사 이상의 학력을 요구하며 '박물관 및 미술관 진흥법'에서 박물관(미술관) 1급 정학예사, 박물관(미술관) 2급 정학예사, 박물관(미술관) 3급 정학예사 등의 자격증 취득과 같은 자격 요건을 규정하고 있다.

● **컴퓨터 시스템 개발 관련 분야**

의류학에서의 컴퓨터 디자인 및 컴퓨터 테크놀로지의 활용은 점점 증가하고 있는 추세이며, 최근 컴퓨터 디자인을 비롯한 컴퓨터의 응용은 의류패션과 직물산업분야에 있어서 디자인 및 생산 공정이 자동화되는 등 의류 디자인 및 제작에 중요한 역할을 하고 있다. 그럼에도 불구하고 컴퓨터 활용의 부족이 의류학 관련학과의 취약부분으로 인식됨에 따라 앞으로 CAD에 관한 연구 및 컴퓨터 관련 수업의 개설, 시설 확충 등이 보완되어야 할 것으로 나타났다.

최근 컴퓨터 디자인을 비롯한 컴퓨터의 응용은 의류패션과 직물 산업분야에 있어 디자인 및 생산 공정이 자동화되는 등 의류 디자인 및 제작에 중요한 역할을 하고 있는 점을 볼 때, 직물 디자인 면에 Computer Color Matching system을 강화시켜 고품격의 염색가공을 실현하고, 디자인 및 봉제법을 자동시스템으로 개발시켜야 한다. 또한 의복의 디자인과 생산에 있어 휴먼 테크놀러지를 근간으로 한 인간공학적 측면은 미래 의류학에 있어 경쟁력을 가질 수 있는 분야로 개개인의 체형 분석과 이를 바탕으로 한 착용 시뮬레이션 개발은 사이버 공간을 근간으로 한 비즈니스 시스템에 있어 기초 기술로 자리매김할 것이다. 즉, 3D 스캔 인체계측 디지털 기술을 바탕으로 착의와 관련된 디지털 휴먼 모델링이나 사이즈 체계 전반을 연구하여 개개인의 선호도와 의복의 생산 및 설계에 직접적인 도움을 줄 수 있는 해결책을 마련할 수 있을 것으로 보인다.

뿐만 아니라 IT의 발달에 따른 각종 디지털 장치와 기능을 의복 내에 통합시킨 새로운 종류의 차세대 의류인 웨어러블 컴퓨터(Wearable Computer)의 개발 또한 유비쿼터스 컴퓨팅 시대를 맞아 최근 대두되고 있는 분야이다. 단, 디자인이나 섬유 소재 등의 기술 중심의 연구 분야에 국한되어 있는데, 앞으로 소비자의 필요와 특성에 따라 소비자의 요구에 부합하는 연구가 진행되어야 할 것이다.

● 신소재 개발 디자이너

최근 유행하는 웰빙 트렌드는 건강, 안전, 환경 등에 대한 관심을 고조시키면서 웰빙 소재에 대한 관심 또한 증가시키고 있다. 피부에 덜 민감하고, 건강에 좋은 의류소재를 찾는가 하면 기술력이 가미된 특수 소재를 통해 편리함을 추구하려는 경향 또한 강해지면서 웰빙 제품과 웰빙 소비층에 대한 기업들의 관심과 투자는 더욱더 커지고 건강, 안전, 환경이 경영 전략의 키워드로 자리 잡게 되었다.

특히 의류용 섬유소재의 경우에는 웰빙 추세에 따라 고기능성 섬유소재 수요가 대폭 확대되고 있으며, 꾸준한 산업의 발달과 문화발달로 인한 생활수준의 증가로 노인인구가 날이 갈수록 늘어나고 노인 복지를 위한 기능성 제품의 수요 또한 늘어갈 것으로 보인다. 이는 전 세계적으로 노인 인구증가와 자연 소재인 천연섬유의 선호경향이 두드러지는 점을 보아 중, 노년층의 의류패션을 위한 다양한 맞춤복 개발 및 다양한 염재의 기능성을 적용한 천연섬유 개발이 요구되며, 다양한 질병을 가지고 있는 노인들을 위한 기능복 등 노인 및 장애인 복지의 측면을 고려하여 개발되어야 할 것이다.

또한 섬유 개발에 있어서도 자연 소재의 무한한 가능성을 인식함과 재활용 가능한 환경 친화적 소재 개발 및 문제점을 자연에서 찾으려는 다양한 시도들이 지속되어 한약재를 염색에 활용하여 기능성을 높이는 소재 개발 붐이 일고 있다. 과거 대량 생산을 목적으로 하던 염색에서 소비자의 건강, 심리적 안정, 가치 추구를 도모하는 소재 개발의 중요성이 부각되면서 자연을 활용한 친환경 웰빙 섬유 개발이 더욱 가속화될 것으로 기대되는 것이다.

또한 최근 향기나는 섬유, 소리에 반응하는 섬유, 인체를 생리 상태 및 면역 기능을 신호화해주는 섬유 등 의류학과 섬유 공학의 영역에서의 신 미래섬유 개발이 심화되고 있는데, 제 3의 정보화 사회로 이행되고 있는 21세기 우리나라의 섬유산업은 질적 향상을 통해 고

성능 고품격의 섬유 소재개발을 촉진시키는데 주력해야 할 것이다.

한약재를 염료로 이용하여 심리적 안정과 생리적 약효를 도모한 천연 염색 또한 이에 포함시킬 수 있다. 웰빙 섬유 소재로 주로 사용되는 황토, 옥, 콩, 키토산, 대나무, 은, 우유, 미네랄, 숯, 대마 등 저마다 특성과 효과를 내세운 천연소재 웰빙 의류 제품들이 소비자들의 마음을 사로잡고 있다. 항균작용을 하는 약재인 황백으로 염색한 옷은 아토피성 피부나 건성 피부에 좋으며, 홍화 또한 세균을 막아주는 효과가 있는데, 한약재 등 천연재료로 만든

● 패션 관련 진종 분류 ●

분야	직 종
경영	매니저(Manager), 패션디렉터(F. Director), 브랜드매니저((B. Manager) 패션 컨설턴트(F. Consultant), 패션코디네이터(F. Coordinator)
상품 기획	패션디자이너(F. Designer), 모델리스트(Modelist), 컬러리스트(Colorist) 패션코디네이터(F.Coordinator), 텍스타일디자이너(Textile Designer) 니트디자이너(Knit Designer), 패션머천다이저(F.Merchandiser) 컨버터(Converter), 패션 도큐멘탈리스트(F.documentarist) 패션일러스트레이터(F.Illustrator), 스타일리스트(Stylist)
생산	프로덕트 매니저(Product Manager), 패터니스트(Patternist), 그레이더(Grader), 마커(Marker), 커터(Cutter) 인스펙터(Inspector), 퀄리티 콘트롤러(Quality Controler)
영업	패션바이어(F.Buyer), 패션어드바이저(F.Adviser), 샵마스터(Shop Master)세일즈 피플(Sales People), 리테일 머천다이저(Retail Merchandiser) 스타일리스트(Stylist)
판매 촉진	디스플레이디자이너(Display Designer), 아트디렉터(Art Director) 애드버타이징 마케팅(Advertising Marketer), 패션모델(F. Model)
저널	패션칼럼리스트(F. Columnist), 패션에디터(F. Editer) 패션라이터(F. Writer), 패션카피라이터(F. Copywriter) 패션리포터(F. Reporter), 패션포터그래퍼(F. Photographer)

옷은 몸에 걸치는 약으로 여겨져 많은 업체에서 관련 상품을 선보이고 있다. 이처럼 2002년 말 국내에 도입된 웰빙 개념은 패션분야에 도입되어 친환경 웰빙 소재를 등장시켰고, 재킷, 셔츠 등 의류에 있어 기능성을 도모한 제품들이 다양하게 출시되고 있는 등 소비량이 전 세계적으로 꾸준히 증가하고 있으며, 기능적·성능적 목적에 주로 활용되는 산업용 섬유인 비의류용 섬유 개발도 점 점 늘어 가고 있다.

위의 구분 이외에도 패션 직종 분류 기준에 따라 다음과 같이 경영·상품기획·생산·영업·판매촉진·저널분야 등으로 구분할 수 있다.

Chapter 9.

패션-미래를 그리다.

Chapter 9.

패션 - 미래를 그리다

1. 4차 산업혁명과 패션의 미래

"10년 후 일자리의 60%는 아직 탄생하지도 않았다"

- 미래학자 Thomas Frey -

"로봇이 앞으로 20년 안에 전 세계 노동력의 30~50%를 차지할 것이다."

- 영국 일간지 The Guardian -

20년 후 우리는 3D 프린팅으로 만들어진 집에 살며 로봇이 만들어준 아침을 먹고 하루를 시작할지 모른다. 패션에 있어서도 3D 프린팅으로 인공지능에 입력된 정보를 토대로 개개인의 체형에 맞추어 만들어진 옷을 입으며, 이를 드론 택배를 통해 받게 될 것이다. 외출할 때는 다양한 정보를 담은 증강현실 안경을 착용하고, 목적지만 입력하면 무인 자동차가 우리를 원하는 곳으로 데려갈 것이다. 미래학자들이 내다본 20년 후 우리나라에는 SF영화와 같은 세상이 펼쳐질 것이다.

실제로 현재 미국 브리고(Briggo)가 개발한 '바리스타 로봇'은 사용자가 원거리에서 주문을 하면 고객의 취향을 기억해뒀다가 15~30초 만에 커피를 만들고, 영국 몰리 로보틱스(Moley Robotics)가 만든 '로보틱 키친(Robotic Kitchen)'은 유명 셰프의 조리법을 따라 요리를 완성한다.

Robotic Kitchen, Moley Robotics

이와 같이 세상은 변화하고 있다. 정보통신기술의 발달과 함께 머릿속으로 상상만 했던 미래가 현실로 다가오고 있는 것이다. 2017년 1월 세계 최대 규모 포럼 중 하나인 스위스

다보스에서 개최되는 세계경제포럼(WEF;World Economic Forum)에서는 4차 산업혁명의 경제·사회적 부가가치가 2025년까지 100조 달러에 이를 것이라고 전망했다.

● 4차 산업혁명이란 무엇일까?

2016년 1월 열린 다보스 세계경제포럼에서는 '4차 산업혁명'이 주제로 제시되었다. 4차 산업혁명이란 1784년 영국에서 시작된 증기기관과 기계화를 이끈 1차 산업혁명, 1870년 전기의 힘을 이용해 본격화된 대량생산을 일컫는 2차 산업혁명, 1969년 컴퓨터를 통한 정보화 및 자동화 생산시스템을 핵심으로 한 3차 산업혁명에 이은 네 번째 산업혁명을 일컫는다. 즉, 인공지능, 로봇, 사물인터넷, 3D 프린팅, 나노기술, 증강현실 등과 같이 기존 산업에 물리, 생명과학, 인공지능 등을 융합하여 새로운 변화를 이끈 차세대혁명으로 정보통신기술(ICT)과 제조업이 융합되어 이루어지는 한 단계 진보된 산업을 말한다.

| 1차 산업혁명 '증기기관'을 통한 '기계적 혁명' | 2차 산업혁명 '전기의 힘'을 이용한 대량생산의 시작 | 3차 산업혁명 컴퓨터를 통한 '자동화' | 4차 산업혁명 '소프트파워'를 통한 '지능화' |

4차 산업혁명 시대의 미래 패션산업 역시 3D프린터, 빅데이터(Big data), 증강현실(Augmented reality) 등의 기술이 반영되어 변화되어가고 있으며 이미 이러한 기술들의 도입이 늘어가는 추세이다. 2017년 1월 미국 의류 리테일러 갭은 증강현실 스마트폰 앱을 이용한 가상 피팅룸(Virtual fitting room)을 공개했다. 몇 가지 다른 체형의 아바타를 제공해 다양한 제품의 옷을 입어본 후 소비자들은 어떠한 옷을 구매할지 결정할 수 있다. 영국 런던의 옥스포드 서커스(Oxford Circus)에 있는 SPA브랜드 탑샵(Top Shop) 플래그쉽

스토어에서는 매장을 방문한 소비자들에게 가상현실(Virtual Reality)을 통해 2016년 9월 가을·겨울 컬렉션에서 선보인 패션쇼를 열기도 했다. 미국 패션 브랜드 '랄프 로렌(Ralph lauran)'은 착용자의 심박수, 호흡, 활동량, 칼로리, 소모량, 스트레스 수준 등의 데이터를 수집하여 착용자의 스마트폰으로 전송하는 스마트 셔츠인 '폴로 테크 셔츠'를 출시하였으며, 2016년 로가디스(Rogatis)의 스마트 수트는 손목 부분의 단추에 비즈니스에 적합한 서비스를 제공하는 NFC 칩을 내장해 스마트폰과의 연동 기능을 탑재하였다.

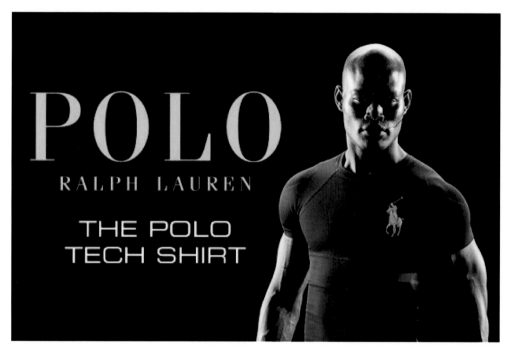

The Polo Tech Shirt

미래 패션산업에서는 빅 데이터, 3D프린터 등을 활용하여 개개인의 개성에 맞춘 소비자 주도 디자인이 가능해질 것이다. 앞으로는 나만을 위한 삶이 더욱 중요해질 것이며 값비싼 명품 자동차·의류·가방 등을 사는 대신 식료품이나 화장품 등 비교적 작은 제품에서 사치를 부리는 스몰 럭셔리(Small Luxury)의 합리적 가치가 주목받게 될 것이다. 이와 동시에 자기중심적 소비가 새로운 소비 경향으로 인기를 끌 것이다. 정체성(identity)과 개인주의(individualism)의 합성어인 'I' dividualism은 집단의 유행보다 자신의 가치를 나타낼 수 있는 독특한 소비행위를 말한다. 자아존중과 자기애에 바탕을 둔 자기 자신에게 스스로 선물하는 셀프기프팅(self gifting)의 소비 경향이나 전체 소비자 중 상위 0.1%를 차지하는 소비자로 이루어진 초고가 명품을 소비하는 위버 프리미엄(uber premium)의 자기중심적 소비는 최근 경제 불황에 따른 명품의 하락세에도 불구하고 소비자들의 관심에 힘입어 폭발적으로 성장하고 있다. 위버 프리미엄은 명품이 대중적 인기가 높아지자 이에 대한 반작용으로 일반 대중이 접근할 수 없는 한정된 명품을 추구하는 행위로 매스티지가 가져온 몰개성화를 지양하고 궁극적인 차별화를 추구한다.

이와 같이 세상은 변화하고 있다.

그렇다면 변화하는 미래엔 어떤 직업이 생기고 어떤 직업이 인기일까?

우리는 앞장에서 패션과 관련된 다양한 직업들을 살펴보았다.

대한민국 직업은 현재 11600여개에 달하지만 미국(약 3만 여개)의 3분의 1 수준이다. 현재 각 나라마다 직업의 종류는 다양하지만 어느 나라든지 오늘날 유망 직종으로 꼽는 직업이 수십 년 후에도 존재할지는 확신할 수 없다. 수십 년 전에는 속기사, 전차 운전사, 전화교환원 등이 인기를 누리던 시절이 있었다. 그러나 이 모든 직업은 사라진 직업들이며 과거에는 상상할 수 없던 새로운 직업들이 새로 생겨나고 있다.

미국의 유력 일간지 워싱턴포스트(The Washington Post)는 미래에 살아남을 직업으로 빅데이터 분석가, 인공지능·로봇전문가, 모바일 애플리케이션 개발자, 정보보안 전문가 등을 들었다. 구글이 선정한 최고의 미래학자이자 유엔미래포럼이사인 토마스 프레이(Thomas Frey, 다빈치 연구소소장)는 "2030년까지 20억 개의 직업이 사라질 수 있다"고 예언하면서 "그 대신 소프트웨어, 3D프린터, 드론, 무인자동차 등의 등장으로 인류는 지금부터 역사상 가장 큰 변화를 겪을 것"이라고 밝히며 공상 영화에서나 나올 법한 새로운 직업이 뜰 것으로 전망했다.

옥스퍼드대학 교수 칼 베네딕트 프레이(Carl Benedikt Frey)와 마이클 오스본(Michael Osborne)은 미국인의 직업이 컴퓨터 발전에 따라 어떻게 변화할지 분석했는데 데이터 분석 결과, 10~20년 후에는 미국 총고용자의 47%의 직업이 자동화될 가능성이 높다는 결론을 내렸다. 로봇이 인간의 일을 상당 부분 대신할 것이며 특히 생산직, 수송, 물류, 사무직, 행정, 서비스 등의 대부분이 컴퓨터에 의해 대체될 것이라고 밝혔다. 2015년에는 세계 근로자 1만 명 가운데 66명이 '로봇 근로자'였으며 2035년까지 미국 일자리의 47%, 영국 일자리의 35%를 로봇이 대체할 것으로 예견되고 있다. 영국 일간지 가디언(The Guardian)은 로봇 기술이 세계경제에 미칠 파장을 "증기, 대량생산, 전자에 이은 네 번째 산업혁명"이라고 평가했다. 앞으로 미래에는 사람들이 일자리를 놓고 로봇과 경쟁하게 된 것이다.

즉, 단순 반복을 요하는 직업들은 앞으로 사라지고 창의적인 직업만이 미래에 지속될 것이라는 전망이다. 이러한 상황에서 우리는 어떠한 직업을 선택하고 어떻게 미래를 준비해야 할까? 찰스 로버트 다윈(Charles Robert Darwin)이 진화론에서 밝혔듯이 미래에 살아남는 직업은 가장 강하거나 가장 똑똑한 직업이 아니라 변화의 패러다임을 가장 빠르게 읽고 대처한 창의적인 직업일 것이다. 우리는 4차 산업혁명의 시대를 맞이하여 스스로 변화를 꾀해야 한다. 나의 분야를 발전시켜 나가며 스스로 변화하지 않으면 생존조차 어려운 시대이다. 앞으로 우리는 세상의 변화를 따라 지속가능한 미래를 위해 과거부터 전승되어 온 전통의 미래가치, 그리고 창의성에 주목하여 스스로 일자리를 개척하고 새로운 분야를 개척해 나가야 한다.

참고문헌

김선희(2011), '패션산업의 콜레보레이션 마케팅에 대한 고찰', 한국콘텐츠학회지, Vol.9 No.2

김영옥, 안수경(2009), '서양 복식문화의 현대적 이해', 경춘사

리처드 서스킨드, 대니얼 서스킨드 저, 위대선 역(2016), '4차 산업혁명 시대, 전문직의 미래', 와이즈베리

민정아(2008), '현대 패션에 나타난 리오리엔팅 패션의 기호학적 접근 연구 : 한. 중. 일을 중심으로', 숙명
　　여자대학교 석사학위 논문

박경애, 김수경(2009), '패션, 예술, 산업의 협업사례 고찰', 한국의류학회지, Vol.33 No.7

서봉하(2014), '아시아의 이념과 복식문화', 교문사

심수현(2006), '한국적 전통미를 활용한 패션 디자인의 명품화 연구', 숙명여자대학교 석사학위 논문

양희영(2010), '현대 패션에 나타난 콜래보레이션(Collaboration) 경향의 사회문화적 의미', 服飾文化硏
　　究, Vol.18 No.2

이재정, 박신미(2011) '패션, 문화를 말하다', 예경

제르다 북스바움 저, 남후남 외 2명 역(2009), '20세기 패션 아이콘', 미술문화

채금석(1999), '패션 디자인 실무', 교문사

채금석(1999), '패션 세계 입문', 경춘사

채금석(2001), '관광사업을 위한 한국적 이미지의 휴식복 개발', 집문당

채금석(2002), '현대복식미학', 경춘사

채금석(2003), '세계패션의 흐름', 지구문화사

채금석(2004), '현대 일본패션에 내재한 꾸밈 미학', 服飾, Vol.54 No.3

채금석(2004), '현대 일본패션에 내재한 반꾸밈 미학', 服飾, Vol.54 No.8

채금석(2006), '우리저고리 2000년', 숙명여자대학교출판국

채금석(2009), 'MT 의류학', 장서가

채금석(2012), '전통한복과 한스타일', 지구문화사

채금석(2017), '한국복식문화-고대-', 경춘사

최경원(2014), '디자인 인문학' 허밍버드

케이트 플레처 저, 이지현 역(2011), '지속가능한 패션&텍스타일', 교문사

클라우스 슈밥 저, 송경진 역(2016), '클라우스 슈밥의 제4차 산업혁명', 새로운현재(메가북스)

패션과 미래

지은이 채금석 · 김소희
발행인 안중기
발행처 도서출판 경춘사
등록번호 제10-153(1987. 11. 28)

인쇄 2017년 4월 1일
발행 2017년 4월 10일

서울시 마포구 마포대로 14길 31-9
경춘빌딩 101호

전화 (02)716-2502, 714-5246
팩스 (02)704-0688
www.kcpub.co.kr

값 **20,000**원

ISBN 978-89-5895-162-9 93590